国家出版基金项目
NATIONAL PUBLICATION FOUNDATION

"十三五"国家重点图书出版规划项目

国家电网公司
电力科技著作出版项目

新能源并网与调度运行技术丛书

新能源电力系统
生产模拟

刘　纯　黄越辉　石文辉　礼晓飞　著

中国电力出版社
CHINA ELECTRIC POWER PRESS

内容提要

当前以风力发电和光伏发电为代表的新能源发电技术发展迅猛，而新能源大规模发电并网对电力系统的规划、运行、控制等各方面带来巨大挑战。《新能源并网与调度运行技术丛书》共 9 个分册，涵盖了新能源资源评估与中长期电量预测、新能源电力系统生产模拟、分布式新能源发电规划与运行、风力发电功率预测、光伏发电功率预测、风力发电机组并网测试、新能源发电并网评价及认证、新能源发电调度运行管理、新能源发电建模及接入电网分析等技术，这些技术是实现新能源安全运行和高效消纳的关键技术。

本分册为《新能源电力系统生产模拟》，共 7 章，分别为概述、新能源发电出力时间序列建模方法、负荷时间序列建模方法、新能源电力系统时序生产模拟、新能源电力系统随机生产模拟、新能源电力系统生产模拟软件、新能源电力系统生产模拟应用。全书内容具有先进性、前瞻性和实用性，深入浅出，既有深入的理论分析和技术解剖，又有典型案例介绍和应用成效分析。

本丛书既可作为电力系统运行管理专业人员系统学习新能源并网与调度运行技术的专业书籍，也可作为高等院校相关专业师生的参考用书。

图书在版编目（CIP）数据

新能源电力系统生产模拟/刘纯等著. —北京：中国电力出版社，2019.9（2025.6 重印）
（新能源并网与调度运行技术丛书）
ISBN 978-7-5198-1637-7

Ⅰ. ①新… Ⅱ. ①刘… Ⅲ. ①新能源–电力系统–系统仿真 Ⅳ. ①TM7

中国版本图书馆 CIP 数据核字（2018）第 300669 号

出版发行：中国电力出版社
地　　址：北京市东城区北京站西街 19 号（邮政编码 100005）
网　　址：http://www.cepp.sgcc.com.cn
策划编辑：肖　兰　王春娟　周秋慧
责任编辑：罗　艳（010-63412315）
责任校对：黄　蓓　郝军燕
装帧设计：王英磊　赵姗姗
责任印制：石　雷

印　　刷：三河市万龙印装有限公司
版　　次：2019 年 9 月第一版
印　　次：2025 年 6 月北京第三次印刷
开　　本：710 毫米×980 毫米　16 开本
印　　张：13.25
字　　数：232 千字
印　　数：3001—4000 册
定　　价：78.00 元

　　实现能源转型，建设清洁低碳、安全高效的现代能源体系是我国新一轮能源革命的核心目标，新能源的开发利用是其主要特征和任务。

　　2006 年 1 月 1 日，《中华人民共和国可再生能源法》实施。我国的风力发电和光伏发电开始进入快速发展轨道。与此同时，中国电力科学研究院决定设立新能源研究所（2016 年更名为新能源研究中心），主要从事新能源并网与运行控制研究工作。

　　十多年来，我国以风力发电和光伏发电为代表的新能源发电发展迅猛。由于风能、太阳能资源的波动性和间歇性，以及其发电设备的低抗扰性和弱支撑性，大规模新能源发电并网对电力系统的规划、运行、控制等各个方面带来巨大挑战，对电网的影响范围也从局部地区扩大至整个系统。新能源并网与调度运行技术作为解决新能源发展问题的关键技术，也是学术界和工业界的研究热点。

　　伴随着新能源的快速发展，中国电力科学研究院新能源研究中心聚焦新能源并网与调度运行技术，开展了新能源资源评价、发电功率预测、调度运行、并网测试、建模及分析、并网评价及认证等技术研究工作，攻克了诸多关键技术难题，取得了一系列具有自主知识产权的创新性成果，研发了新能源发电功率预测系统和新能源发电调度运行支持系统，建成了功能完善的风电、光伏试验与验证平台，建立了涵盖风力发电、光伏发电等新能源发电接入、调度运行等环节的技术标准体系，为新能源有效消纳和安全并网提供了有效的技术手段，并得到广泛应用，为支撑我国新能源行业发展发挥了重要作用。

"十年磨一剑。"为推动新能源发展，总结和传播新能源并网与调度运行技术成果，中国电力科学研究院新能源研究中心组织编写了《新能源并网与调度运行技术丛书》。这套丛书共分为 9 册，全面翔实地介绍了以风力发电、光伏发电为代表的新能源并网与调度运行领域的相关理论、技术和应用，丛书注重科学性、体现时代性、突出实用性，对新能源领域的研究、开发和工程实践等都具有重要的借鉴作用。

展望未来，我国新能源开发前景广阔，潜力巨大。同时，在促进新能源发展过程中，仍需要各方面共同努力。这里，我怀着愉悦的心情向大家推荐《新能源并网与调度运行技术丛书》，并相信本套丛书将为科研人员、工程技术人员和高校师生提供有益的帮助。

中国科学院院士
中国电力科学研究院名誉院长
2018 年 12 月 10 日

近期得知,中国电力科学研究院新能源研究中心组织编写《新能源并网与调度运行技术丛书》,甚为欣喜,我认为这是一件非常有意义的事情。

记得 2006 年中国电力科学研究院成立了新能源研究所(即现在的新能源研究中心),十余年间新能源研究中心已从最初只有几个人的小团队成长为科研攻关力量雄厚的大团队,目前拥有一个国家重点实验室和两个国家能源研发(实验)中心。十余年来,新能源研究中心艰苦积淀,厚积薄发,在研究中创新,在实践中超越,圆满完成多项国家级科研项目及国家电网有限公司科技项目,参与制定并修订了一批风电场和光伏电站相关国家和行业技术标准,其研究成果更是获得 2013、2016 年度国家科学技术进步奖二等奖。由其来编写这样一套丛书,我认为责无旁贷。

进入 21 世纪以来,加快发展清洁能源已成为世界各国推动能源转型发展、应对全球气候变化的普遍共识和一致行动。对于电力行业而言,切中了狄更斯的名言"这是最好的时代,也是最坏的时代"。一方面,中国大力实施节能减排战略,推动能源转型,新能源发电装机迅猛发展,目前已成为世界上新能源发电装机容量最大的国家,给电力行业的发展创造了无限生机。另一方面,伴随而来的是,大规模新能源并网给现代电力系统带来诸多新生问题,如大规模新能源远距离输送问题,大量风电、光伏发电限电问题及新能源并网的稳定性问题等。这就要求政策和技术双管齐下,既要鼓励建立辅助服务市场和合理的市场交易机制,使新能源成为市场的"抢手货"，又要增强新能源自身性能，提升新能源的调度运行控制技术水平。如何在保障电网安全稳定运行的前提下，最大化消纳新能源发电，是电力系统迫切需要解决的问题。

　　这套丛书涵盖了风力发电、光伏发电的功率预测、并网分析、检测认证、优化调度等多个技术方向。这些技术是实现高比例新能源安全运行和高效消纳的关键技术。丛书反映了我国近年来新能源并网与调度运行领域具有自主知识产权的一系列重大创新成果，是新能源研究中心十余年科研攻关与实践的结晶，代表了国内外新能源并网与调度运行方面的先进技术水平，对消纳新能源发电、传播新能源并网理念都具有深远意义，具有很高的学术价值和工程应用参考价值。

　　这套丛书具有鲜明的学术创新性，内容丰富，实用性强，除了对基本理论进行介绍外，特别对近年来我国在工程应用研究方面取得的重大突破及新技术应用中的关键技术问题进行了详细的论述，可供新能源工程技术、研发、管理及运行人员使用，也可供高等院校电力专业师生使用，是新能源技术领域的经典著作。

　　鉴于此，我特向读者推荐《新能源并网与调度运行技术丛书》。

黄其励

中国工程院院士

国家电网有限公司顾问

2018 年 11 月 26 日

进入 21 世纪，世界能源需求总量出现了强劲增长势头，由此引发了能源和环保两个事关未来发展的全球性热点问题，以风能、太阳能等新能源大规模开发利用为特征的能源变革在世界范围内蓬勃开展，清洁低碳、安全高效已成为世界能源发展的主流方向。

我国新能源资源十分丰富，大力发展新能源是我国保障能源安全、实现节能减排的必由之路。近年来，以风力发电和光伏发电为代表的新能源发展迅速，截至 2017 年底，我国风力发电、光伏发电装机容量约占电源总容量的 17%，已经成为仅次于火力发电、水力发电的第三大电源。

作为国内最早专门从事新能源发电研究与咨询工作的机构之一，中国电力科学研究院新能源研究中心拥有新能源与储能运行控制国家重点实验室、国家能源大型风电并网系统研发（实验）中心和国家能源太阳能发电研究（实验）中心等研究平台，是国际电工委员会 IEC RE 认可实验室、IEC SC/8A 秘书处挂靠单位、世界风能检测组织 MEASNET 成员单位。新能源研究中心成立十多年来，承担并完成了一大批国家级科研项目及国家电网有限公司科技项目，积累了许多原创性成果和工程技术实践经验。这些成果和经验值得凝练和分享。基于此，新能源研究中心组织编写了《新能源并网与调度运行技术丛书》，旨在梳理近十余年来新能源发展过程中的新技术、新方法及其工程应用，充分展示我国新能源领域的研究成果。

这套丛书全面详实地介绍了以风力发电、光伏发电为代表的新能源并网及调度运行领域的相关理论和技术，内容涵盖新能源资源评估与功率预测、建模与仿真、试验检测、调度运行、并网特性认证、随机生产模拟及分布式发电规划与运行等内容。

根之茂者其实遂，膏之沃者其光晔。经过十多年沉淀积累而编写的《新能源并网与调度运行技术丛书》，内容新颖实用，既有理论依据，也包含大量翔实的研究数据和具体应用案例，是国内首套全面、系统地介绍新能源并网与调度运行技术的系列丛书。

我相信这套丛书将为从事新能源工程技术研发、运行管理、设计以及教学人员提供有价值的参考。

郭剑波

中国工程院院士
中国电力科学研究院院长
2018 年 12 月 7 日

前　言

　　风力发电、光伏发电等新能源是我国重要的战略性新兴产业，大力发展新能源是保障我国能源安全和应对气候变化的重要举措。自 2006 年《中华人民共和国可再生能源法》实施以来，我国新能源发展十分迅猛。截至 2018 年底，风电累计并网容量 1.84 亿 kW，光伏发电累计并网容量 1.72 亿 kW，均居世界第一。我国已成为全球新能源并网规模最大、发展速度最快的国家。

　　中国电力科学研究院新能源研究中心成立至今十余载，牵头完成了国家 973 计划课题《远距离大规模风电的故障穿越及电力系统故障保护》（2012CB21505），国家 863 计划课题《大型光伏电站并网关键技术研究》（2011AA05A301）、《海上风电场送电系统与并网关键技术研究及应用》（2013AA050601），国家科技支撑计划课题《风电场接入电力系统的稳定性技术研究》（2008BAA14B02）、《风电场输出功率预测系统的开发及示范应用》（2008BAA14B03）、《风电、光伏发电并网检测技术及装置开发》（2011BAA07B04）和《联合发电系统功率预测技术开发与应用》（2011BAA07B06），以及多项国家电网有限公司科技项目。在此基础上，形成了一系列具有自主知识产权的新能源并网与调度运行核心技术与产品，并得到广泛应用，经济效益和社会效益显著，相关研究成果分别获 2013 年度和 2016 年度国家科学技术进步奖二等奖、2016 年中国标准创新贡献奖一等奖。这些项目科研成果示范带动能力强，促进了我国新能源并网安全运行与高效消纳，支撑中国电力科学研究院获批新能源与储能运行控制国家重点实验室，新能源发电调度运行技术团队入选国家"创新人才推进计划"重点领域创新团队。

为总结新能源并网与调度运行技术研究与应用成果，分析我国新能源发电及并网技术发展趋势，中国电力科学研究院新能源研究中心组织编写了《新能源并网与调度运行技术丛书》，以期在全国首次全面、系统地介绍新能源并网与调度运行技术，为新能源相关专业领域研究与应用提供指导和借鉴。

本丛书在编写原则上，突出以新能源并网与调度运行诸环节关键技术为核心；在内容定位上，突出技术先进性、前瞻性和实用性，并涵盖了新能源并网与调度运行相关技术领域的新理论、新知识、新方法、新技术；在写作方式上，做到深入浅出，既有深入的理论分析和技术解剖，又有典型案例介绍和应用成效分析。

本丛书共分 9 个分册，包括《新能源资源评估与中长期电量预测》《新能源电力系统生产模拟》《分布式新能源发电规划与运行技术》《风力发电功率预测技术及应用》《光伏发电功率预测技术及应用》《风力发电机组并网测试技术》《新能源发电并网评价及认证》《新能源发电调度运行管理技术》《新能源发电建模及接入电网分析》。本丛书既可作为电力系统运行管理专业员工系统学习新能源并网与调度运行技术的专业书籍，也可作为高等院校相关专业师生的参考用书。

本分册是《新能源电力系统生产模拟》。第 1 章介绍了新能源电力系统概念以及时序生产模拟和随机生产模拟技术原理，并提出了新能源电力系统生产模拟技术需求和挑战。第 2 章结合风电、光伏发电出力特性，介绍了风电出力波动过程的形成机理、光伏发电净空出力以及天气类型的划分方法，并分别阐述了风电、光伏发电时间序列随机模拟方法。第 3 章总结了电力负荷的分类及特性，提出了基于 SOM 神经网络聚类的负荷时间序列建模方法。第 4 章基于时序生产模拟方法建立了考虑电力系统运行复杂约束条件的新能源电力系统时序生产模拟模型，并介绍了模型的求解方法。第 5 章在介绍扩展序列运算的基础上，提出了基于扩展序列运算的新能源电力系统随机生产模拟建模方法和基于新能源时间序列建模的随机生产模拟。第 6 章对比分析了国内外生产模拟相关软件和工具，并详细介绍了自主研发的新能源生产模拟软件（REPS）的功能模块、技术特点、性能指标及计算流程。第 7 章从我国"三北"（东北、华北、西北）地区新能源运行实际情况出发，介绍了基于 REPS 的新能源消纳能力分析、新能源与储能容量优化、随机生产模拟、促进新能源消纳措施的量化评估等实例。本分册的研究内容得到了国家重点研发计划项目《多能源电力系统互补协调调度与控制》（项目编号：2017YFB0902200）的资助。

本分册由刘纯、黄越辉、石文辉、礼晓飞著，其中，第 1 章、第 2 章由刘纯编写，第 3 章、第 4 章由黄越辉编写，第 5 章由石文辉、刘纯编写，第 6 章由礼晓飞编写，第 7 章由礼晓飞、黄越辉编写。全书编写过程中得到了李湃、李驰、屈姬贤的大力协助，王伟胜对全书进行了审阅，提出了修改意见和完善建议。本丛书还得到了中国科学院院士、中国电力科学研究院名誉院长周孝信，中国工程院院士、国家电网有限公司顾问黄其励，中国工程院院士、中国电力科学研究院院长郭剑波的关心和支持，并欣然为丛书作序，在此一并深表谢意。

《新能源并网与调度运行技术丛书》凝聚了科研团队对新能源发展十多年研究的智慧结晶，是一个继承、开拓、创新的学术出版工程，也是一项响应国家战略、传承科研成果、服务电力行业的文化传播工程，希望其能为从事新能源领域的科研人员、技术人员和管理人员带来思考和启迪。

科研探索永无止境，新能源利用大有可为。对书中的疏漏之处，恳请各位专家和读者不吝赐教。

作　者

2019 年 6 月

目　录

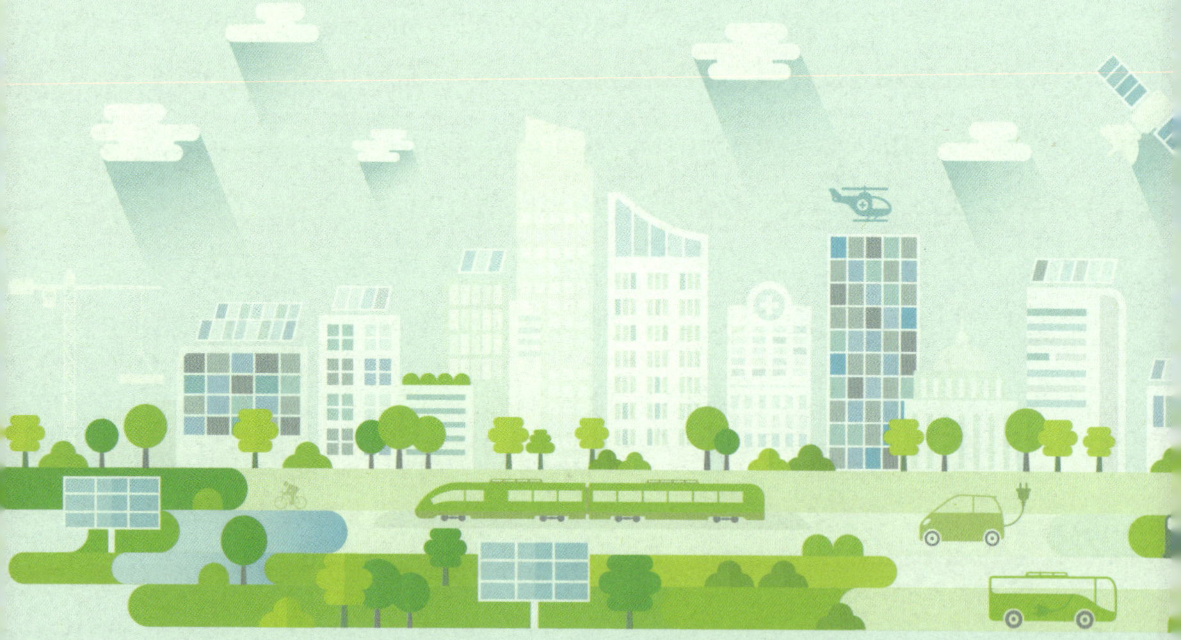

第 1 章

概　　述

风力发电（简称风电）和光伏发电技术是目前最成熟、实现平价上网，且最具发展潜力的新兴可再生能源技术。随着风电和光伏发电在电源结构中的占比日益上升，我国电力系统的形态结构及运行控制方式将发生重大变化，以新能源发电为主导电源的电力系统，即新能源电力系统已逐步形成。电力系统是一个实时平衡的动态系统，由于风电、光伏发电具有随机性、波动性和间歇性，新能源电力系统的电力电量平衡分析变得非常重要。生产模拟技术是分析电力电量平衡最有效的手段，随着新能源发电的大规模发展，该技术需要依据新能源发电特性作进一步完善和发展。本章主要介绍新能源电力系统的基本概念以及生产模拟技术所涉及的内容。

1.1　新能源电力系统

1.1.1　新能源电力系统的由来

随着我国社会经济的高速发展，能源与环境问题的矛盾日益凸显。为了开发利用可再生能源，改善能源结构，保障能源安全，保护生态环境，实现经济社会的可持续发展，我国自 2006 年 1 月 1 日开始实施《中华人民共和国可再生能源法》。自此，以风电和光伏发电为代表的新能源发电在我国蓬勃发展。截至 2018 年年底，我国新能源发电总装机容量 3.58 亿 kW，超过水电总装机容量，成为全国第二大电源，居世界首位，新疆、甘肃、宁夏、青海、河北等 5 个省（自治区）新能源发电占比已超过 30%，甘肃、青海的新能源发电已成为省内第一大电源，辽宁、吉林、黑龙江、河北、山东、山西、内蒙古、天津、江苏、安徽、浙江、上海、河南、江西、陕西、宁夏、新疆、西藏等 18 个省市（自治区）新能源发电已成为第二大电源。

中华人民共和国发展和改革委员会、国家能源局 2016 年 12 月联合印发的《能源生产和消费革命战略（2016—2030）》提出，到 2030 年，我国非化石能源发电量占比要力争达到 50%。为了实现这个目标，未来新增电力需求将主要由风电、光伏发电、水电等清洁能源来满足，火电新增装机容量将受到限制。随着新能源发电成本的快速下降，预计到 2030 年，新能源发电装机容量将超过火电，成为全国的第一大电源。

随着电源侧、电网侧、负荷侧各项新技术的共同发展，传统电力系统逐步向新能源电力系统演变和迈进。未来，当非化石能源比重达到 50% 以上时，新能源发电将成为主导电源，电力系统运行不仅要跟随负荷波动，还需要平衡新能源发电出力的波动，这将使电力系统的结构和运行控制方式发生根本变化。为了突出这种能源系统的特色，将以新能源发电为主导电源的电力系统，称为新能源电力系统。

1.1.2　新能源电力系统的特点

以风电、光伏发电等电源为主的新能源电力系统，主要有以下特点。

1.1.2.1　新能源发电占比高，消纳问题突出

在新能源电力系统中，新能源发电瞬时出力可能占到负荷的 50% 以上。目前我国电源结构以火电为主，大型火电机组启停不灵活，调峰空间有限，难以满足因新能源发电出力波动而带来的调节需求。尤其在北方冬季供暖期，为保障供暖，绝大部分燃煤发电供热机组为必开机组，在负荷低谷时段，新能源消纳空间非常有限。为了保障电力系统安全稳定运行，不得不通过风电、光伏限电来实现电力的实时平衡。2012 年开始，我国"三北"（东北、西北、华北）地区新能源消纳矛盾日益凸显，新能源弃风弃光已经成为制约其进一步发展的主要因素。

1.1.2.2　新能源具有资源互补性，多区域协同发展需求强烈

受地形、气候等因素影响，广域布局的新能源发电具有较大的互补性。

对大量实际数据的研究分析表明，场站级、省级、区域级的新能源发电出力波动越来越平滑，最大同时率越来越小。高比例新能源发展，一方面需要充分利用资源，另一方面需要考虑到各地负荷需求及资源互补性，实现统一协同规划，以满足新能源最大化消纳。为实现新能源多区域协同发展，在规划和运行中需要将多区域资源以及电力系统协同起来，统一研究分析。

1.1.2.3 储能、综合能源系统❶等多种能源互补发展，能源系统优化空间大

随着成本的降低，储能电站开始大规模发展。2011 年，我国建成风光储输示范电站，在发电侧实现了风电、光伏、储能互补发电。在用户侧，分布式发电、电动汽车等多种能源利用形式纷纷涌现，并形成了多能互补综合能源系统，通过多能互补实现能源的清洁、高效利用。不管是发电侧还是用户侧，一方面新能源具有波动性，另一方面储能单元具有容量、充放电等多种运行约束，因此，新能源电力系统具有较大的优化空间，需要采用新的综合优化规划方法，综合考虑新能源运行特性、成本、综合利用形式等，以提高能源系统投资效益。

1.1.2.4 电力电子装备占比高，安全稳定运行难度增大

受风、光资源及地理条件限制，目前我国新能源利用形式多为大规模集中式开发，并通过特高压直流外送到负荷中心，送端和受端采用大量的电力电子装备，一个较小的设备故障就会引发连锁故障、振荡等安全稳定问题，从而影响新能源电力系统的稳定运行。此外，风电、光伏发电通过变流器、逆变器等电力电子设备并网，替代了传统电力系统的同步发电机，新能源电力系统的转动惯量大幅减小，抗扰动能力变差，安全稳定运行难度增大。

---

❶ 综合能源系统，是指一定区域内的能源系统利用先进的技术和管理模式，整合区域内石油、煤炭、天然气和电力等多种能源资源，实现多种能源子系统之间的协调规划、优化运行、协同管理、交互响应和互补互济，在满足多元化用能需求的同时有效提升能源利用效率，进而促进能源可持续发展的新型一体化能源系统。

1.2 生产模拟技术

电力系统是一个实时平衡的动态系统，发电、输电、配电、用电瞬时完成。生产模拟技术主要用于电力系统稳态的电力电量平衡分析。最初，生产模拟技术主要用来在计算机上模拟电力系统的发电调度，预测各发电机组的发电量及燃料消耗量，并进行成本分析，因此开发的生产模拟程序也叫发电成本分析程序。随着世界性能源问题的出现及电力系统一次能源结构的复杂化，各类型发电机组在系统中的有效配合以及降低燃料消耗成为电源规划和电力系统运行的重要问题，因此对生产模拟技术提出了更高的要求。电力系统生产模拟技术发展至今，已成为评价电力系统运行技术经济指标和分析生产成本、计算机组利用小时数、制订燃料计划的主要手段，是电力系统运行和规划的重要组成部分。

生产模拟技术在电力系统中的应用与电力系统发展的复杂程度以及优化求解方法的进步密切相关。按算法考虑因素的不同，生产模拟可分为时序生产模拟和随机生产模拟。时序生产模拟以负荷、新能源发电出力时间序列为基础进行逐时段电力平衡仿真，随机生产模拟以负荷持续曲线为基础，考虑常规发电机组的随机停运、负荷和新能源发电出力的波动性和随机性等随机因素，进行仿真计算。

1.2.1 生产模拟技术的发展

生产模拟技术是电力系统规划与运行优化的基础，长期以来，人们对其给予了充分的重视与研究。生产模拟技术于 20 世纪 70 年代开始发展，部分欧美发达国家在电力系统优化规划的理论与运用方面取得长足进展，并出现了一批商业化的规划软件包，如电源规划程序（Wien automatic system expansion program，WASP）、优化发电规划程序（optimized generation planning program，OGP）、生产成本分析程序（production cost analysis program，PRODCOST）、电力系统生产成本核算模型（power system production costing model，POWERSYM）等，上述软件主要基于随机生产模拟开展仿真计算，其中，POWERSYM 可开展以小时为步长的时序生产模拟，实现了考虑机组调节能力、抽水蓄能等相关约束的时序电力平衡模拟仿真。由于随机生产模拟方法使用负荷持续曲线，丢失了负荷时序动态变化的信息，而储能设备的模拟需要考虑负荷的动态特性，因此，美国学者基于线性规划方法建立了考虑抽水蓄能机组的时序生产模拟仿真模型。西屋公司开发了西屋发电规划优化程序（Westinghouse generation expansion optimization program，GENOP），它以成本最小为目标，主要用于光伏发电厂建设的经济性优化计算，程序使用线性规划算法，对非线性约束采用分段线性化的方式来处理。

20 世纪 80 年代，中国电力科学研究院周孝信院士等使用线性规划算法开展了互联电力系统的时序生产模拟研究，优化计算由若干子系统组成的互联电力系统的开机安排、机组负荷分配和联络线输送容量优化。该方法于 2000 年对三峡电站投运后华中、华东电力系统联网效益、联络线输送容量进行了测算。针对我国水电大规模开发利用情况，西安交通大学王锡凡院士等开发了按发电厂类型进行优化的电源规划程序（Jiaotong automatic system planning package，JASP），该程序考虑了发电厂地理分布因素，按发电厂规模进行优化，能够实现比较复杂的系统分解协调等，程序主要包括数据处理、优化模型及输出报告三部分。

20 世纪 90 年代末，波罗的海地区的电网运营商、高等院校和研究机构联合开发了巴尔摩仿真模型（Balmorel），该模型是一个基于混合整数线性规划的数学模型，以发电成本、供热成本、输电成本、新增发输容量的投资成本以及 SO_2、CO_2 等气体排放成本最小为目标，考虑电量/供热量平衡、各类型发电机组特性约束、输电容量约束以及 SO_2 与 CO_2 排放约束、风电消纳目标约束等条件，进行小时级的电力系统生产模拟。该模型在欧洲应用较为广泛，特别适用于风电和热电联产比重较大的系统。

进入 21 世纪，计算机技术不断发展，生产模拟技术更加成熟和普及，已经广泛应用于电力系统规划、运行和电力市场中。

1.2.2　时序生产模拟

时序生产模拟是将系统负荷、新能源发电、其他电源发电出力看作随时间变化的时间序列，综合考虑功率平衡、电力备用、机组调峰、电网输送能力、机组爬坡速率等约束条件，以每小时（或者 15min）为间隔，进行逐时段的运行模拟，以得到最优化的电力平衡结果。一周的时序生产模拟结果如图 1-1 所示。

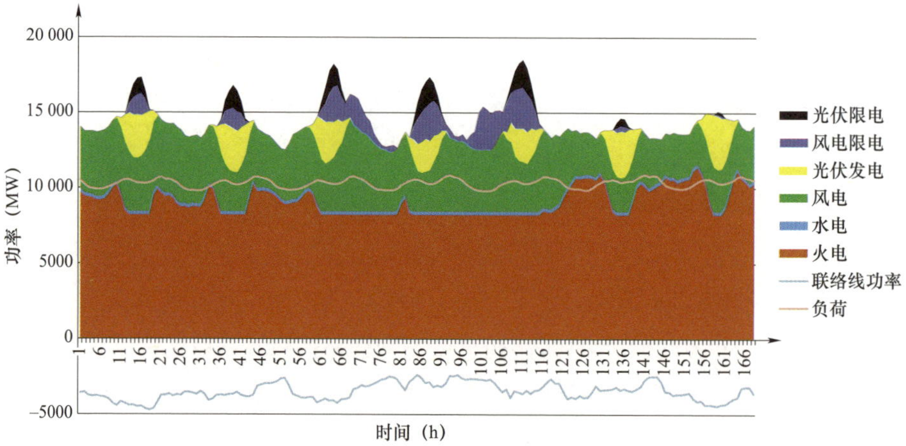

图 1-1 时序生产模拟结果示意图

时序生产模拟本质上是解决电力平衡最优化问题，其数学模型为

$$
\begin{cases}
\min \ \sum_{j=1}^{n} c_j x_j \\
\text{s.t.} \ \sum_{j=1}^{n} a_{ij} x_j = b_i, i=1,\cdots,m \quad x_j \in R \\
x_j \geqslant 0, \ j=1,\cdots,n
\end{cases}
\qquad (1-1)
$$

式中 x_j——实数域内待优化的决策变量；

a_{ij}、b_i、c_j——常数。

根据应用需求的不同，生产模拟优化目标主要有投资成本最小、购电成本最小、新能源消纳最大、煤耗最低等多个方面。其中投资成本最小主要用于电源装机与投资规划，购电成本最小、新能源消纳最大、煤耗最低等主要用于电力系统调度运行。

受制于最优化问题求解算法，早期的时序生产模拟都采用线性规划算法，随着电力系统规模和复杂性的增加，线性规划面临较大挑战。一方面所有因变量应由线性函数或近似线性函数表示，另一方面线性规划结果确定的火电机组的容量是连续函数，因此它必须四舍五入到机组容量的最接近倍数。随着最优化问题求解算法的发展，混合整数线性规划算法进一步弥补了线性规划的不足，火电机组启停的离散问题可以通过混合整数线性规划来处理，这极大地促进了时序生产模拟技术的发展，但随着机组台数的增加，时序生产模拟将变得非常耗时。考虑到计算的稳定性和实用性，目前常用的电力系统时序生产模拟主要使用线性规划和混合整数线性规划算法进行求解。此外，非线性规划也可用于电力系统生产模拟，该算法允许非线性因变量的存在，但因为此类问题难以求解，目前还仅限于部分特殊情况的应用。

1.2.3 随机生产模拟

随机生产模拟也是一种优化发电机组生产发电状况的技术，它的出现把电力系统运行和规划提高到了一个新的水平。它考虑机组的随机故障及电力负荷的随机性，同时计算出最优运行方式下各电厂的发电量、系统的生产成本及可靠性指标。由于随机生产模拟考虑了有关不确定性因素，它不仅使生产成本的估算更加合理准确，同时也给出了发电系统运行的可靠性指标。常用的随机生产模拟方法主要包括解析法、蒙特卡洛模拟法（Monte Carlo Simulation）和序列运算法三类。

1.2.3.1 解析法

基于解析法的随机生产模拟是将具有时序特征的负荷曲线转化为负荷持续曲线，各发电机组的随机停运对负荷持续曲线的影响表现为曲线向右增大，形成等效负荷持续曲线，它反映了当某机组以一定概率发生故障停运后，其余机组运行面临着一个比较大的负荷持续曲线，从而需要承担更多的负荷，如图1-2所示。

解析法采用故障枚举的方式获得系统的随机状态，并以此为依据对负荷持续曲线进行修正，形成等效负荷持续曲线。国外从20世纪60年代末、70年代初开始研究解析法，最早使用离散点的函数值来描述等效持续负荷曲线。对于一般规模的电力系统，为了保证一定的计算准确性，通常需要数百个离散的函数点来拟合其负荷持续曲线。该算法的核心是通过多次的卷积和反卷积运算反复更新这些离散点的函数值，常规递推的计算量非常

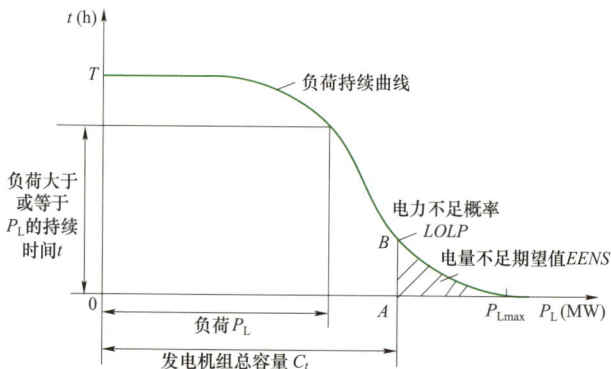

图 1－2　基于解析法的随机生产模拟原理示意

繁杂。随着电网规模的扩大以及分段出力机组和水电机组的并网，这种处理离散函数点的计算方法增大了计算量，给随机生产模拟的实际应用带来巨大的困难。为了提高计算速度，各国科研工作者不断改进随机生产模拟算法，比较典型的有傅里叶级数法、分段直线逼近法和半不变量法。傅里叶级数法采用傅氏级数来拟合负荷持续曲线，从而在频域上进行卷积计算。分段直线逼近法采用分段直线来描述负荷持续曲线，计算精度与分段数有关。半不变量法利用级数或级数展开式来表示负荷持续曲线，把卷积和反卷积运算转变为半不变量间的加、减运算，使计算速度显著提高。20 世纪 90 年代，王锡凡院士提出了等效电量函数法，该方法直接利用电量进行卷积和反卷积运算，显著降低了计算量。

1.2.3.2　蒙特卡洛模拟法

蒙特卡洛模拟法包括非序贯蒙特卡洛模拟法和序贯蒙特卡洛模拟法。非序贯蒙特卡洛模拟法通过对所研究系统的状态进行随机抽样，并对获取的样本结果进行计算统计，当试验的次数足够多时，随机状态的发生频率近似于概率，可以使用频率来估算其概率，并将其作为问题的解。序贯蒙特卡洛模拟法是按照时序，在一个规定的时间周期内建立一个虚拟的系统状态循环转移过程，并对每一个系统状态进行计算分析，最终通过统计规律得到评价指标。基于蒙特卡洛模拟法的新能源电力系统随机生产模拟，是指按照常规电源和输变电设备的故障停运概率分布、新能源出力概率分布进行年度序贯或非序贯抽样，以此抽样状态为基础，进行生产模拟优化计算，通过多次抽样来描述系统及新能源的随机性，进而统计得到可靠性指标、新能源消纳指标等的期望值及概率分布。由于序贯蒙特卡洛模拟可反映系统生产运行的时序特征，基于序贯抽样的随机生产模拟方法也更受青睐。

1.2.3.3 序列运算法

20 世纪末 21 世纪初，序列运算理论[1]出现，它以概率性序列表示随机变量的概率分布，并通过定义序列间的运算求解随机变量相互运算后新的概率分布。在此过程中，通过对序列的离散化处理，巧妙地实现了计算中状态的归并，在保证计算精度的前提下使计算速度极大提高。国内学者以序列运算理论为基础，考虑负荷需求与电源的不确定性，提出了适用于综合资源规划和电力市场的随机生产模拟法。

1.3 生产模拟在新能源电力系统中的适用性

传统电力系统中电源主要为确定性的火电、水电、燃气发电等，系统运行的不确定性主要来源于负荷，因此传统电力系统以发电跟随负荷波动为主开展生产模拟。大规模新能源接入后，电力系统中的不确定变量除了负荷以外，还包含波动性新能源，且新能源的年、月、周、日规律特性比负荷特性更加难以准确描述和掌握，如图 1-3 所示。当新能源比例较小时，可以将新能源看作负的负荷，采用等效负荷即可很好地开展生产模拟相关研究；但是当新能源比例较大时，新能源的发电特性将打破等效负荷确定性的规律，使得已有的典型日、典型周生产模拟技术应用面临挑战，此时，需将新能源作为一种不确定性电源，开展全时段生产模拟研究。

---

[1] 20 世纪末、21 世纪初，清华大学康重庆教授提出了序列运算理论——序列运算法，它是一个新的基础性数学理论，能够用于求解各种复杂的概率性问题。

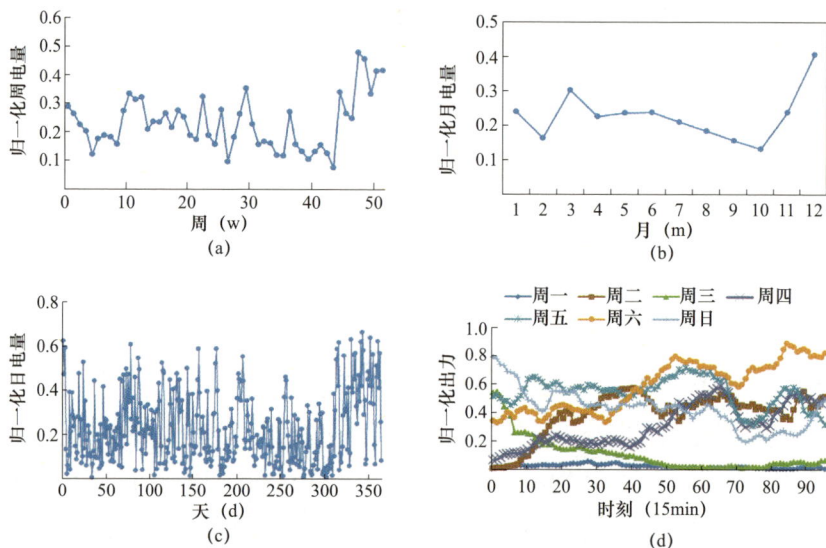

图 1－3 不同时间尺度风电波动情况

（a）周电量；（b）月电量；（c）日电量；（d）一周七天出力

受气候特性影响，风、光资源在年度总量上有一定的规律性，以年为周期的生产模拟是应对新能源电力系统中不确定性的一种有效方案，但是，目前该技术面临以下四个方面的挑战：

（1）风电、光伏发电长时间❶尺度出力序列的模拟。在当前的预测技术水平下，基于数值天气预报仅能对未来 72h 的风电、光伏发电功率进行预测，且预测结果的误差随时间尺度增大而增大。基于气候预报，能够预测未来年度、月度新能源总发电量，但风电、光伏发电具有较强的随机性，同时也具有一定的规律性，如何将总发电量转化成长时间尺度出力序列亟待技术突破。

（2）负荷长时间序列的模拟。虽然用电负荷具有较强的规律性，但从年度来看，工作日、节假日的负荷特性也存在较大偏差。新能源的随机性也使年度分析中典型日难以确定。为满足长时间尺度生产模拟，负荷序列也需要基于其特性开展随机模拟。

（3）新能源电力系统时序生产模拟涉及的数据及其计算量极大，对建

---

❶ 长时间指月度及以上。

模方法、求解算法等提出了更高要求。电力系统复杂多变、新能源场站数量大且发电出力时刻变化,新能源电力系统的时序生产模拟难以用典型日、典型周进行分析,需要开展月度及以上时间尺度的生产模拟,但分析时间尺度越大,计算量越大、计算难度越大。

（4）考虑风电、光伏发电后的负荷持续曲线难以确定,随机生产模拟有待进一步发展。由于风电和光伏发电具有随机性和波动性,直接将风电、光伏发电出力序列与负荷序列合并,可以形成等效负荷曲线,基于等效负荷曲线开展随机生产模拟。但是,研究表明,基于等效负荷曲线开展随机生产模拟,结果存在较大的不确定性,考虑新能源发电后,如何基于负荷持续曲线开展随机生产模拟值得深入研究。

由于传统生产模拟技术已不能满足新能源电力系统的需求,亟须突破现有技术瓶颈,完善和发展生产模拟模式和方法,以适应未来电力系统发展需求。近年来,国内外学者在此方面开展了大量的研究,包括新能源发电出力特性及指标研究、新能源发电出力时间序列随机模拟技术研究、基于新能源波动性的随机生产模拟技术研究、基于时序仿真的新能源消纳技术研究等,这些研究将生产模拟技术推向纵深发展。

本书基于大量的研究与实践,提出了风电、光伏发电出力以及负荷的长时间序列建模方法,并完善了时序生产模拟和随机生产模拟模型和方法,自主研发了新能源电力系统生产模拟软件,以期为大规模新能源发电与电网的协同发展作出贡献。

第 2 章

新能源发电出力时间序列建模方法

新能源发电出力时间序列是在一定风光资源条件下，某一段时间范围内新能源场站的发电能力，通常以固定时间分辨率的时序数据来表示。新能源发电出力时间序列的时间尺度一般在周及以上，是开展新能源电力系统时序生产模拟的必要边界条件。现有基于气候预报的方法仅能实现新能源发电的年度、月度发电量预测，无法实现长时间尺度发电出力时间序列的预测。本章提出了一种长时间尺度的新能源发电出力时间序列建模方法。该方法能够准确把握风电、光伏发电出力的随机性、波动性等变化规律，实现对风电和光伏发电长时间尺度出力的随机模拟。

2.1 风电出力时间序列建模方法

本节通过分析风电出力特性及其形成机理，提出基于风电波动过程的时间序列建模方法。首先，提出风电波动过程的划分和辨识方法，并采用高斯函数定量描述风电出力的波动过程；然后提出基于马尔科夫过程的风电波动状态转移描述和采样方法，实现风电出力时间序列的随机模拟，并通过风电出力运行特性评价指标验证建立模型的准确性；最后，采用风电场发电出力实测数据验证方法的有效性。

2.1.1 风电波动过程形成机理

风能是风力发电的原动力，是大气运动的结果。大气运动是在各种力的综合作用下产生的。作用于大气的力包括重力、气压梯度力、地转偏向力、摩擦力和惯性离心力，其中，气压梯度力源于气压分布不均匀，地转偏向力源于地球自转，惯性离心力源于空气曲线运动。气压梯度力、地转偏向力、摩擦力和惯性离心力均在水平方向作用于空气，它们对空气运动的影响均不同。一般来说，气压梯度力是空气运动的根源，它既可改变空气运动状态，又可使空气由静止状态转为运动状态，空气开始运动后，地转偏向力、惯性离心力和摩擦力产生作用，可改变空气运动的方向和速度。大气运动过程中所受之力时刻发生变化，因此空气运动过程中的分析更加复杂。

太阳辐射、地球自转、摩擦作用、地表不均匀等因素使大气运动呈现大规模的大气运行现象，如平均纬向环流、平均水平环流、平均经向环流和急流，即大气环流。大气环流是全球大气运动的基本形式，主导全球气候特征和大范围天气形势，影响各尺度天气系统活动。大气环流在演变过程中形态会发生变化，强度、位置也会发生变化。这些变化集中表现为随季节交替的年际变化和与大型环流调整相联系的中短期变化，年际之间存在一定的周期性，但具体到年内各时刻，在各种因素的影响下，大气运行实际情况会有很大的不同。

大气运动会形成具有一定结构的天气系统，如气团、锋、气压系统等，在某一地区发生的一种天气现象（如降水、大风）从开始至结束的一次过程称为天气过程，天气过程与天气系统相对应。对于某一风电场，风资源变化与大气中移动着的天气系统及其带来的天气过程有关，例如，寒潮天气系统通常带来大风降温天气过程，因此，天气过程的复杂性必然导致风电场风资源的复杂性。风的形成与大气中移动的天气系统及其带来的天气过程有关，风的波动过程对应着相应的天气过程。因此，风电出力不能单独理解为离散的出力过程，本书将风电出力时间序列分解为不同类型的天气过程引起的风电出力波动过程。

2.1.2　风电出力波动过程分类方法

2.1.2.1　风电出力波动过程定义

风电出力时间序列可以分解为不同类型的天气过程引起的风电出力波动过程，原始的风电出力时间序列可被分解为低频趋势出力（风电趋势出力）和高频随机出力：低频趋势出力对应序列变化趋势，由天气过程控制产生，高频随机出力对应序列随机扰动，由不规则的湍流运动所造成。低频趋势出力通常由多个起伏的波动过程构成，定义每一个由局部极小值增大到极大值、再由极大值减小到下一个局部极小值的过程为一个风电出力波动过程，数学模型如下

$$F\{w_j\} = \begin{cases} w_1, w_n \in \{w_{\min}\} \\ w_k \in \{w_{\max}\} \quad 1 < k < n \\ w_j \in \{w\} \quad j = 1, \cdots, n \end{cases} \qquad （2-1）$$

式中　$\{w\}$——风电出力时间序列；

$\quad F\{w_j\}$——风电波动序列；

$\{w_{\max}\}$——风电序列中的局部极大值序列；

$\{w_{\min}\}$——风电序列中的局部极小值序列。

若该波动由 n 点序列构成，则 w_1 和 w_n 分别为波动的起点和终点。

大气湍流引起的高频随机出力会对风电波动过程的分解产生很大干扰，因此，必须先对风电出力时间序列进行滤波处理。考虑到风电时间序列频谱分布的不规则性与时变特性，可以采用小波分解与重构算法中的 Mallat 算法对风电出力时间序列进行滤波处理，其本质是将含有复杂信息的原始序列分解为反应序列变化趋势的低频信号与反应序列随机扰动的高频信号，具体方法如下：

若将 c_0 定义为原始序列 $\{V\}$，根据分解算法有

$$\begin{cases} c_{j+1} = Hc_j \\ d_{j+1} = Gd_j \end{cases} \quad j = 0, 1, \cdots, J \qquad （2-2）$$

式中　J——最大分解层数；

$\quad H$——低通滤波器；

$\quad G$——高通滤波器；

c_j 和 d_j——原始信号在分辨率 2^{-j} 下的慢变低频信号和快变高频信号，都是原始序列 $\{V\}$ 在相邻的不同频率段上的成分。最终将 $\{V\}$ 分解为 C_J 和 $d_1, d_2, \cdots, d_J$。经过小波分解后得到的高频序列和低频序列可能比原始序列中的元素个数相应减少，为保

持序列的信息完整，分解后的序列应分别重构以保证元素个数一致。重构算法如下

$$C_j = \boldsymbol{H}^* c_{j+1} + \boldsymbol{G}^* d_{j+1}, j = J-1, J-2, \cdots, 0 \qquad (2-3)$$

式中　$\boldsymbol{H}^*$ 和 $\boldsymbol{G}^*$——$\boldsymbol{H}$ 和 $\boldsymbol{G}$ 的共轭转置矩阵。

采用式（2-3）对 $d_1, d_2, \cdots, d_J$ 和 C_J 分别进行重构，得到 $D_1, D_2, \cdots, D_J$ 和 C_J，它们和原始序列 $\{V\}$ 的元素个数一样，而且有

$$V = \sum_{j=1}^{J} D_j + C_J \qquad (2-4)$$

将 J 层重构的高频信号相加可得序列的细节部分，C_J 为重构的低频信号，为序列的趋势部分。实际使用过程中采用 Db9（Db 后面的数字代表消失的时刻，一般来说消失时刻的数字越大，对应的小波越光滑）小波进行 4 尺度滤波，这样就可将原始序列分解为对应序列变化趋势的低频趋势出力和对应序列随机扰动的高频随机出力。

滤波后得到的风电趋势出力（低频趋势出力），与原始风电出力对比情况如图 2-1 所示，图中风电趋势出力与原始风电出力序列轮廓类似，在保留了原始序列丰富信息的同时避免了随机扰动。

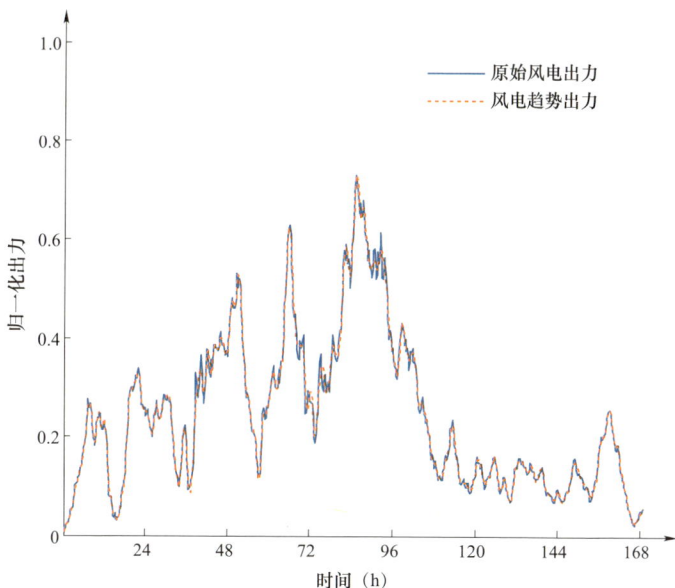

图 2-1　风电出力滤波前后对比

风电波动划分见图2-2，由图中可看出风电波动过程的波动趋势大致为从极小值开始缓慢增加，然后加速增加，最后缓慢增加到极大值，在极大值处缓慢减小，然后加速减小，最后缓慢减小到极小值。

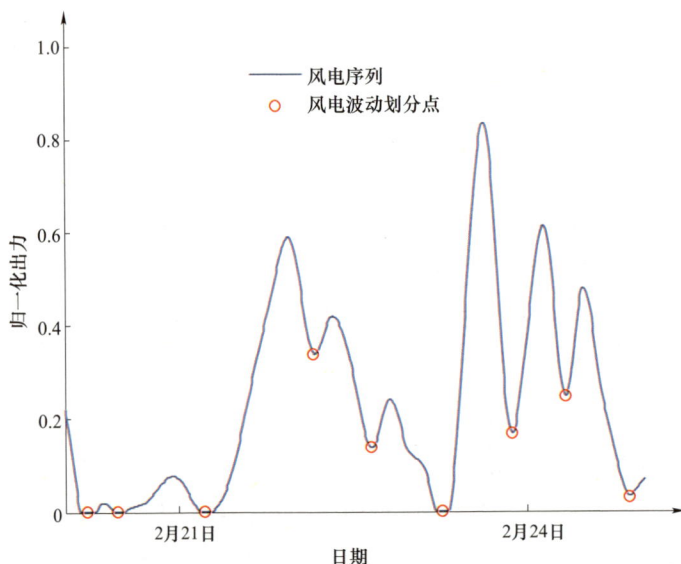

图2-2 风电波动划分示意图

为了风电波动辨识的需要，风电波动划分后，还需对风电波动的横坐标进行相对化处理，用相对位置来代替绝对位置。其处理方法为：在任一波动中，设波峰值（局部极大值）所在的时间点数为x_m，该波动中任一个点的时间点数为x_i，则任一点的相对位置为$x_i - x_m$，设波峰值的相对坐标为0，实现了对所有波动的重新排列，即时间坐标归一化[1]。

2.1.2.2 风电波动过程聚类

通过统计方法数据挖掘，可以对风电波动过程的时间分布特性进行聚类分析，实现风电波动类别的辨识。每个风电波动过程的持续时间不同，无法将风电波动过程曲线各点的功率值作为特征向量，因此需要采用风电波动过程曲线的特征量来进行聚类。按风电波动过程的宽度（持续时间）

---

[1] 归一化，是一种无量纲处理手段，使物理系统数值的绝对值变成某种相对值关系。本书中"新能源归一化出力"为新能源发电出力与装机容量的比值。

与幅度的差异将其分为四类波动，分别为低出力波动、小波动、中波动和大波动。其中，低出力波动是湍流引起的高频随机波动，可通过风电波动的波峰阈值来辨识，一般取波峰值小于 ε（$\varepsilon = 0.05$）。其他三类波动可通过数据挖掘方法进行聚类识别。采用式（2-5）所示的风电出力特征作为波动的特征矢量

$$F = [T_{\mathrm{d}}, P_{\max}, P_{\min}] \tag{2-5}$$

式中　T_{d}——波动的持续时间；

　　　$P_{\max}$——波峰值（局部极大值）；

　　　$P_{\min}$——波谷值（局部极小值）。

风电波动过程聚类采用自组织映射（self-organizing maps，SOM）神经网络聚类算法进行波动类型的聚类识别。SOM 神经网络是一种无监督学习网络，它具有自组织特征映射能力，能够拓扑有序地将高维数据可视化地映射到二维网格，可广泛地应用于聚类分析领域。SOM 神经网络由输入层和输出层两层神经元构成，具有 1 对 n 的组织结构，其中输入层为 1，是 1 个高维的输入矢量；输出层为 n，由一系列在二维网格上的有序节点组织构成，具体学习算法过程包括以下内容：

（1）网络初始化，随机设定输入神经元到输出神经元的连接权值 o_{ij}，设 $S_j(t)$ 为 t 时刻 j 个输出神经元的相邻连接神经元的集合，并定义最大训练长度。

（2）计算输入样本 x 与每个输出节点间的权值矢量的欧氏距离，为

$$d_j(t) = \sqrt{\sum_{i=1}^{n} \left[x_i - o_{ij}(t) \right]^2} \tag{2-6}$$

（3）从所有 $d_j(t)$ 中选出最小距离值，其对应的输出节点 k 作为竞争获胜节点，称为该输入样本的最匹配节点（best match unit，BMU），设其为 N_k^*，则有

$$\left\| x - N_k^* \right\| = \min_i \left\{ \left\| x - N_i \right\| \right\} \tag{2-7}$$

（4）根据邻域函数修正神经元 k 以及其相邻连接神经元集合 $S_j(t)$ 中神经元的权值

$$o_{ij}(t+1) = o_{ij}(t) + \eta(t) h_{ki}(t) [x_i(t) - o_{ij}(t)] \tag{2-8}$$

式中　$\eta(t)$——第 t 步的学习率；

　　$h_{ki}(t)$——k 的邻域函数。

（5）若未达到最大训练长度，则从第 2 步开始继续训练。

由于 SOM 神经网络聚类算法采用欧氏距离进行相似性度量，不同变量如果取值范围不同，那么取值较大的变量将可能占据主导地位，因此进行 SOM 神经网络聚类前，应将输入样本矩阵进行归一化处理后再代入，这样可消除量纲对聚类分析结果的影响。训练分两个阶段进行：首先是较大邻域半径的粗学习，然后再采用较小半径的微调。

SOM 神经网络最常用的可视化方法为统一距离矩阵（unified distance matrix，U-Matrix），若神经元结构为 $m \times n$，则其统一距离矩阵结构为 $(2m \ 1) \times (2n \ 1)$。其计算原理为计算学习后所得的神经元权值矢量与其直接相邻神经元的权值矢量的欧氏距离，作为这两个神经元间连接单元的颜色映射，而取这些距离值的平均值作为该神经元的颜色映射，统一距离矩阵使得相邻神经元间的距离可视化，同时易于分辨聚类结构，高值表示类间界限，低值聚集区域则表示同一类别。

以某风电场全年实际发电出力为例，通过提取风电出力的波动特征矢量，对其进行归一化处理后输入 SOM 神经网络，输出层拓扑结构为片状的六边形网络，迭代次数为 8000 次，输出神经元的分类结果如图 2-3 所示。找到每个样本对应的最匹配节点（BMU），记下其编号作为该样本的类别标签，对数据集进行类别标记，可将风电波动按其特征属性进行归类，实现风电波动的类别辨识。为了验证风电波动的聚类效果，将每个风电波动过程看作一个独立的个体，以风电波动的三个属性值作为其在三维空间里的坐标，可得到所有风电波动过程在三维空间里的位置，聚类后风电波动类别与位置如图 2-4 所示，可以

图 2-3　SOM 神经网络输出的分类结果

清晰地看出，所有波动过程在空间中得到了较好划分，同类波动聚集，而不同类波动被分离，表示波动划分效果非常理想。图 2-5 为风电时间序列的波动类别辨识结果展示，可以看出波动类别得到了很好的区分。

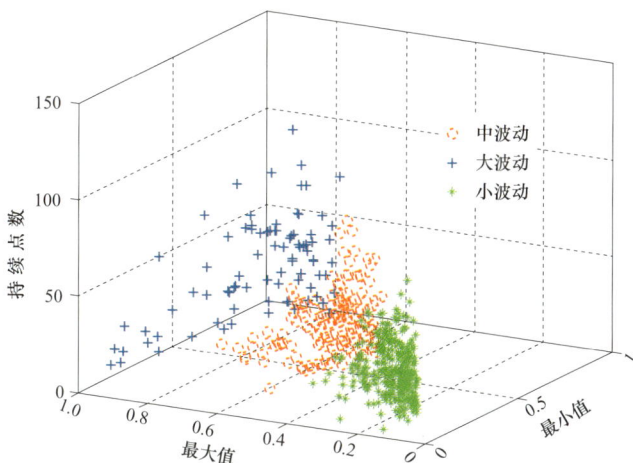

图 2-4 波动聚类结果

各类波动的波动幅度（最大值与最小值之差）与波动持续时间的累积概率分布如图 2-6 与图 2-7 所示。由图 2-6 可见，对于归一化后的风电出力，大波动的波动幅度集中在[0.2, 0.95]区间，大于 0.39 的概率为 90.91%；中波动的波动幅度集中在[0.1, 0.55]区间，大于 0.21 的概率为 90.21%；小波动的波动幅度集中在[0, 0.3]区间，大于 0.06 的概率为 90.48%，低出力波动的波动幅度集中在[0, 0.05]区间。由图 2-7 可见，四类波动持续时间由低到高依次为低出力波动、小波动、中波动和大波动，此外，低出力波动持续时间明显小于其余三类波动。由此可见，各类风电波动间的差异主要体现在波动幅度与持续时间两方面，这也验证了将这两项指标作为聚类输入的有效性。

图 2-5　风电波动类别辨识结果

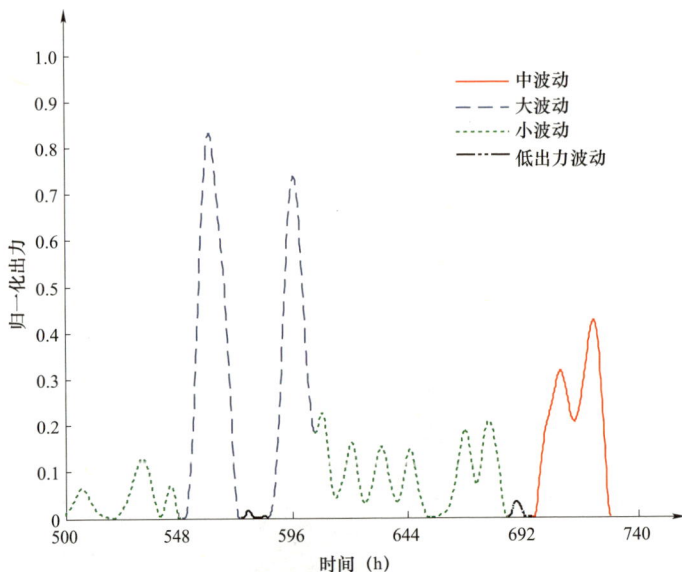

图 2-6　各类波动的波动幅度累积概率分布图

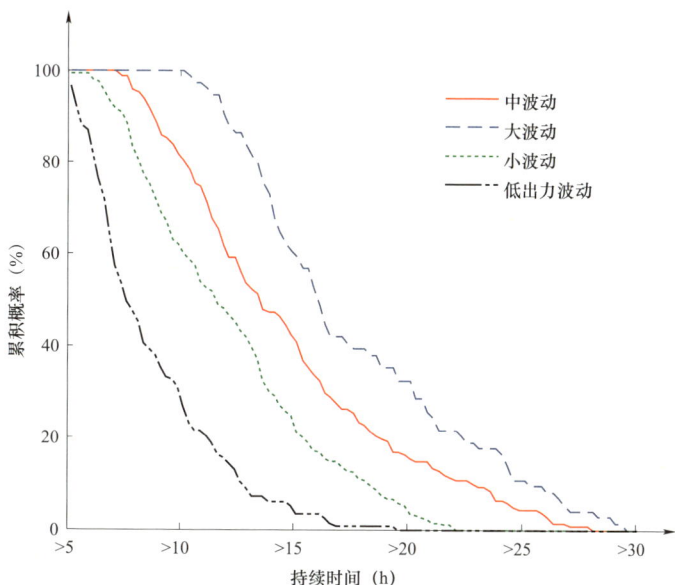

图2-7 各类波动的持续时间累积概率分布图

2.1.3 风电波动过程数学建模

为定量描述风电出力的波动过程，需要建立风电波动过程的数学描述模型。由前文可知，风电波动轮廓的变化规律为从左侧极小值逐渐增大到极大值，再从极大值逐渐减小到右侧极小值，两侧持续的时长虽略有差异，但其整体轮廓近似关于波峰值所在的纵向轴线对称分布。同时，由于天气过程的转变，往往是一个过程尚未结束，下一个过程已经开始，造成前一波动被后一波动所覆盖，其波动轮廓呈不严格左右对称。理论上可以认为风电出力轮廓所划分出的所有波动均为关于其波峰值所在的纵向轴线对称分布，每一个波动包含该时间段内丰富的风电出力信息，可用开口向下的对称曲线来识别波动轮廓，定量描述其变化趋势。

与风电波动过程相似的曲线群包括二次函数曲线和高斯函数曲线，二次函数曲线比较常见，此处不再描述。高斯函数的表达式为

$$f(x) = a\mathrm{e}^{-\left(\frac{x-b}{c}\right)^2} \tag{2-9}$$

根据高斯函数的性质，定义 a 为极值参数，其大小决定了波动的极值；

b 为位置参数，其大小决定了波动的位置；c 为变化趋势参数，其大小决定了波动变化的剧烈程度，c 越小表示波动变化越剧烈，c 越大表示波动变化越平缓。经统计，b 集中于 0 附近，风电波动的幅度与宽度（持续时间）主要由参数 a 和 c 来控制，其中参数 a 代表波动的高度，参数 c 代表波动的宽度，采用高斯函数拟合风电波动过程，其参数具有明确的物理意义。

可通过确定系数和拟合误差来定量对比两类曲线的拟合效果，由于低出力波动出力水平比较低，波动没有明显的变化趋势，此处不对其进行拟合。采用最小二乘法确定大波动、中波动和小波动高斯函数的确定系数，即

$$W_{R-S} = \dfrac{\displaystyle\sum_{i=1}^{n}(\hat{y}_i - \overline{y}_i)^2}{\displaystyle\sum_{i=1}^{n}(y_i - \hat{y}_i)^2} \qquad (2-10)$$

式中　W_{R-S}——高斯函数的确定系数；

$y_i, \hat{y}_i, \overline{y}_i$——波动序列原值、拟合值、均值。

将某风电场 1 年的风电出力时间序列数据分解为波动过程后，保持低出力波动过程的出力不变，采用拟合函数对所有大波动，中波动和小波动过程进行拟合，可得到拟合时间序列，其与原序列的差值则为拟合误差。对不同拟合函数的拟合误差和拟合效果进行分析，二次函数和高斯函数两种函数拟合波动轮廓的拟合确定系数和拟合误差的概率分布如图 2-8 和图 2-9 所示。数据显示，高斯函数拟合效果优于二次函数，此外，计算两种函数拟合序列与原序列的相关系数，二次函数为 0.936，高斯函数为 0.985，也说明了高斯函数拟合的优越性，且其定量描述序列的波动变化趋势不会改变原序列的性质。

大波动、中波动和小波动的高斯函数参数 a 和 c 的二维散点分布如图 2-10 所示，可见这三类波动的极值参数和变化趋势参数按所属类别得到了较好的划分，间接证明了用高斯函数拟合风电波动轮廓的合理性。

图 2-8 二次函数和高斯函数拟合确定系数概率分布对比

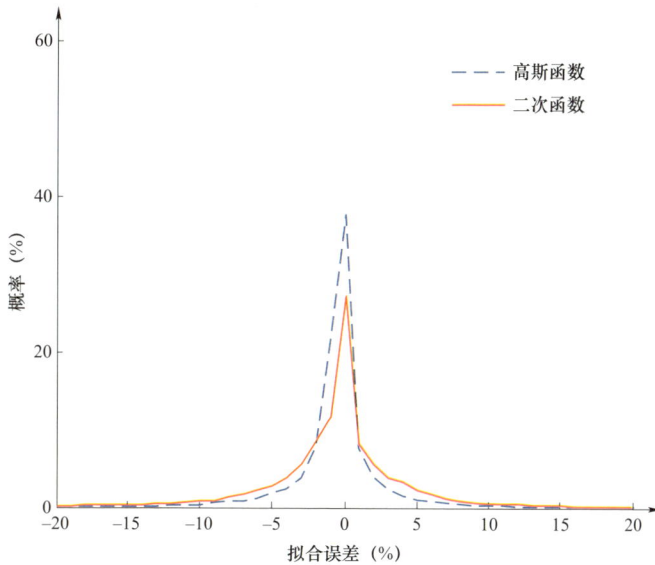

图 2-9 二次函数和高斯函数拟合误差概率分布对比

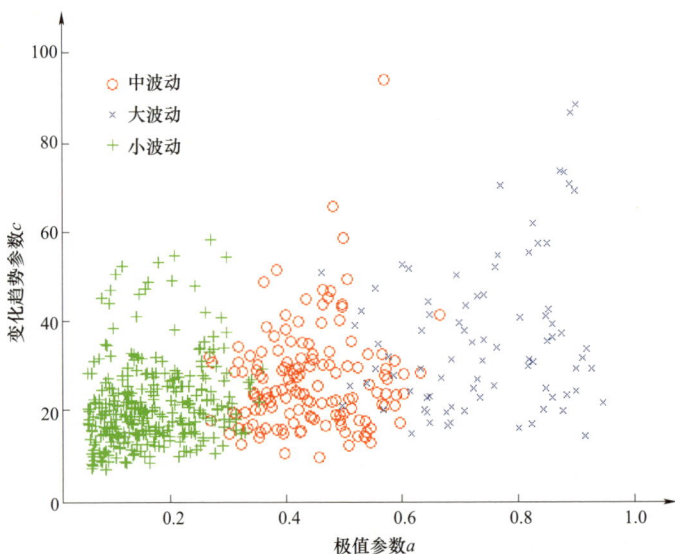

图 2-10 拟合三类波动极值参数和变化趋势参数散点图

2.1.4 风电波动转移特性和随机模拟

2.1.4.1 风电波动转移特性

风电出力的波动特性主要由天气过程决定，某一地区一段时间内在某一种类型天气系统控制之下，产生了不同的天气过程。不同天气类型之间的切换便对应着不同风电波动类型的转换，由于天气过程之间的转换没有确定规律，因此可采用统计学方法来刻画不同风电波动过程之间的转换。马尔科夫过程（Markov process）是一种常见的随机过程，可采用马尔科夫链（Markov chain）来描述风电波动转换过程。

马尔科夫链下一个状态的概率只与当前状态有关，而与之前的状态无关，此特性称为马尔科夫性。首先，需要检验风电波动是否满足马尔科夫性，通常采用卡方分布来检验。在独立假设条件下，在样本数较大时，式（2-11）的计算值服从于自由度为 $(n-1)^2$ 的卡方分布

$$\chi^2 = 2\sum_{i=1}^{n}\sum_{j=1}^{n} f_{ij} \left| \ln \frac{p_{ij}}{p_j} \right|$$

$$p_j = \sum_{i=1}^{n} f_{ij} / \sum_{i=1}^{n}\sum_{j=1}^{n} f_{ij}$$

（2-11）

式中　χ^2 ——卡方分布；

　　n ——状态数量；

　　f_{ij} ——状态 i 到状态 j 的转移频率；

　　p_{ij} ——状态 i 到状态 j 的转移概率；

　　p_j ——边际概率。

对于给定的显著性水平，如果下式成立，那么这个随机过程就可以证明具有马尔科夫特性

$$\chi^2 > \chi_\alpha^2[(n-1)^2] \tag{2-12}$$

式中　α ——显著性水平；

　　χ_α^2 ——显著性水平 α 下的卡方分布。

根据 2.1.2.2 的方法，将风电波动分为 4 类，即状态数 n=4，用式（2-11）进行计算，可以得到 χ^2 =132.15，取 α =0.05，$\chi_\alpha^2[(n-1)^2] = \chi_\alpha^2[(4-1)^2] = \chi_\alpha^2(9) = 16.92$，明显可以看出，计算结果符合式（2-12），因此风电波动转换过程服从马尔科夫过程。

马尔科夫链 $\{X_n, n \in T\}$ 对于任意的整数 $n \in T$ 和任意的 $i_0, i_1, \cdots, i_{n+1} \in I$，条件概率满足

$$P\{X_{n+1} = i_{n+1} | X_0 = i_0, X_1 = i_1, \cdots, X_n = i_n\} = P\{X_{n+1} = i_{n+1} | X_n = i_n\} \tag{2-13}$$

条件概率 $p_{ij}(n) = P\{X_{n+1} = j | X_n = i\}$ 为马尔科夫链 $\{X_n, n \in T\}$ 在时刻 n 的转移概率。

将波动辨识为大波动、中波动、小波动和低出力波动之后，可根据波动序列统计四类波动间的马尔科夫转移概率矩阵。马尔科夫转移概率矩阵的计算方法为

$$\begin{cases} P_{l-l} = \dfrac{N_{l-l}}{N_{lm}} \\[2mm] P_{l-m} = \dfrac{N_{l-m}}{N_{lm}} \\[2mm] P_{l-s} = \dfrac{N_{l-s}}{N_{lm}} \\[2mm] P_{l-n} = \dfrac{N_{l-n}}{N_{lm}} \end{cases} \tag{2-14}$$

式中　　P_{l-l}，P_{l-m}，P_{l-s}，P_{l-n} ——大波动转移到大、中、小、低出力波动
　　　　　　　　　　　　　　　　的概率；

　　　　N_{l-l}，N_{l-m}，N_{l-s}，N_{l-n} ——大波动转移到大、中、小、低出力波动
　　　　　　　　　　　　　　　　的次数；

　　　　　　　　　　　　N_{lm} ——大波动出现的次数。

同理可计算中波动、小波动和低出力波动的转移概率矩阵。

2.1.4.2　风电波动过程随机模拟

进行风电出力时间序列建模时，需要基于波动过程的转移概率，对风电出力趋势进行随机模拟。由于每一个非低出力波动的统计参数是一个多维随机变量，包括波峰间隔持续时间和高斯拟合函数各参数，需要统计其多维概率分布。多维随机变量联合分布的定义为：对任意 n 个实数 $x_1, x_2, \cdots, x_n$，n 个事件 $\{X_1 \leqslant x_1\}, \{X_2 \leqslant x_2\}, \cdots, \{X_n \leqslant x_n\}$ 同时发生的概率 $F_n(x_1, x_2, \cdots, x_n) = P\{X_1 \leqslant x_1, X_2 \leqslant x_2, \cdots, X_n \leqslant x_n\}$，称为 n 维随机变量 $X = (X_1, X_2, \cdots, X_n)$ 的联合分布。

基于统计得到的风电出力时间序列概率分布，可通过序贯随机抽样得到模拟风电出力趋势序列，因其概率分布为多维概率分布，样本抽取难度较大，抽样过程较为复杂，因此需要利用条件概率分布将多维分布抽样转化为一维分布抽样问题来简化抽样过程。

设任意 n 维随机变量 $X = (X_1, X_2, \cdots, X_n)$ 的联合概率分布为 $F_n(x_1, x_2, \cdots, x_{n-1})$，则其可表示为边缘概率分布和条件概率分布乘积的形式

$$F_n(x_1, x_2, \cdots, x_n) = F(x_n | x_1, x_2, \cdots, x_{n-1}) F_{n-1}(x_1, x_2, \cdots, x_{n-1}) \qquad (2-15)$$

式中，$F(x_n | x_1, x_2, \cdots, x_{n-1})$ 为在 $X_1 = x_1, \cdots, X_{n-1} = x_{n-1}$ 条件下，X_n 的条件概率分布，以此类推，可得

$$\begin{aligned} F_n(x_1, x_2, \cdots, x_n) = F(x_n | x_1, x_2, \cdots, x_{n-1}) \\ F(x_{n-1} | x_1, x_2, \cdots, x_{n-2}) \cdots F(x_2 | x_1) F(x_1) \end{aligned} \qquad (2-16)$$

令 $\tau_1, \tau_2, \cdots, \tau_n$ 分别为 n 个[0，1]区间上的均匀随机数，则

$$\begin{cases} F(x_1) = \tau_1 \\ F(x_2 | x_1) = \tau_2 \\ \vdots \\ F(x_n | x_1, x_2, \cdots, x_{n-1}) = \tau_n \end{cases} \qquad (2-17)$$

对应的解形成 $X = (X_1, X_2, \cdots, X_n)$ 即为抽样获得的一组样本，其多维联合概率分布即为 $F_n(x_1, x_2, \cdots, x_n)$。具体抽样过程可以由 MATLAB 生成[0, 1]区间上的伪随机数 $\tau_1, \tau_2, \cdots, \tau_n$，求出多维联合概率分布的 $1 \sim n-1$ 维条件概率分布，求解式（2-17）方程组所得到的解即为一组抽样结果。

2.1.5　风电出力时间序列建模流程

2.1.5.1　建模时间尺度

从前述可知，风电具有较强的随机性和波动性，短时间尺度下统计规律不强，以周为单位的统计结果仍然具有较强的随机性，但月尺度和年尺度具有较强的规律性。风电出力具有一定的季节性变化特征，年度各自然月份各类波动的持续时间有较大差异，间接导致各月的风电出力水平差异。如果选择年作为建模时间尺度，则各月出力的差异性无法模拟，无法体现风电的季节性特征，若建模时间尺度选择为月可以很好地表征风电的季节性，但每月的波动样本较少，如果仅基于一年的数据建模，则无法得到具有代表性的统计规律，因此需要在年尺度和月尺度之间选择一个既能够代表风电的季节特性又有足够样本的建模时间尺度。某些自然月的风电波动过程出力特性相似，因此可以依据各月各类风电波动过程（特别是大波动、中波动、小波动过程）特性的差异对年度自然月份进行分类；相对于各类波动的数量，各类波动的总持续时间更能体现各月的差异化。

图 2-11 为各月的大波动、中波动、小波动持续时间占比的三维散点图，由图中可以看出某些月份空间位置相近，近似形成三个集合，因此可采用 SOM 神经网络对自然月进行聚类。其中，输入 SOM 神经网络的特征向量为各月的大波动、中波动、小波动持续时间占比，按大波动、中波动、小波动持续时间的异同将 12 个自然月聚类为低出力月份、中出力月份和高出力月份三类，再分别获取三类月份的统计特性即可。

通过对月份进行分类，既可以得到更多的样本数量，统计规律也较以月份进行模拟更为明显，更易于风电出力时间序列建模。基于前文的统计概率分布，采用多维随机抽样方法可序贯随机抽样得到模拟风电出力，抽样时为分月顺次抽取，可确保各月抽样序列的分布服从其所属月份类别的历史统计分布。

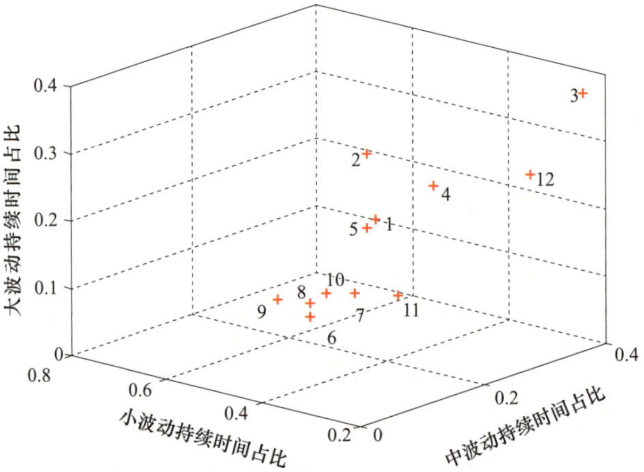

图 2−11　自然月波动持续时间占比三维散点图

2.1.5.2　建模流程

风电出力时间序列建模的流程主要包括：① 根据建立的风电波动类间转移概率矩阵序贯抽样确定波动类别；② 根据各类波动的统计参数概率分布抽样各统计参数；③ 计算波动上各点出力。

若波动类别属于大波动、中波动和小波动中的任意一类，则根据该类波动的多维联合概率分布随机抽样高斯拟合函数参数，以及该波动波峰与前一非低出力波动波峰间的持续时间；若波动类别属于低出力波动，则根据它的一维概率分布随机抽样持续时间。设定相邻月份间转变的判断条件为该月抽取第 $i-1$ 个波动后累积的风电出力总持续时间小于该月的总时间，而抽取第 i 个波动后累积的风电出力总时间大于等于该月的总时间。当月第 i 个波动多出的持续时间需延伸到下一月中，因为其最多持续几小时，相对于整月来说，所占的比例很小，对下个月的总体概率分布的影响可以忽略不计；1 月的第一个波动类别由该月各类波动所占比例随机抽样所得，而之后各月的第一个波动类别则确定为横跨该月和上月的波动的类别。波动上各点出力的计算方法说明如下：

（1）若两个非低出力波动相邻，则按各自的高斯拟合函数计算后一波动左侧上升段各点出力值与前一波动右侧下降段各点出力值，逐点进行比较并取各点较大的出力值作为该点模拟出力。

（2）由于前文中已将相邻低出力波动合并，因此若两非低出力波动间有低出力波动，则有且仅有 1 个。将持续时间均分给两非低出力波动，并按它们各自的高斯拟合函数计算前一波动右侧下降段各点出力值与后一波动左侧上升段各点出力值作为各点模拟出力，间隔的低出力波动内部各点的最终出力由抽样得到的随机出力确定。

（3）对于模拟时间序列的第一个波动，若其为非低出力波动，则仅根据其高斯拟合函数计算出该波动左侧上升段各点出力即可；若为低出力波动，则内部各点的最终出力由抽样得到的随机出力确定。

将依次计算出的各点出力值顺次连接即可得到模拟风电出力时间序列的趋势出力，还需添加随机出力，得到最终的模拟风电出力时间序列。随机出力在滤波过程中获得的，即式（2–4）中的 $\sum\limits_{j=1}^{J} D_j$。由于随机出力集中在高频域，其本质是随机高频噪声，而且无季节性差异，因此将其按照序列上各对应趋势出力点所属的波动类别进行分类，得到相应的四类随机出力。各类随机出力的概率分布近似服从于正态分布，分别对四类随机出力样本的正态分布概率密度函数进行参数估计，确定其服从的正态分布，然后按照模拟风电趋势出力上各点所属的波动类别，依次从该类随机出力所服从的正态分布中随机抽样得到随机出力序列，随机出力序列与模拟风电趋势出力序列等长，将其添加到风电趋势出力序列上，即得到模拟风电出力时间序列。将 12 个月的模拟风电出力时间序列顺次连接，即得到整年的出力时间序列。最后，重复上述的模拟过程 N 次，得到 N 条全年的风电出力模拟时间序列。

总结前文建模步骤，在风电波动过程特性分析的基础上，风电出力时间序列详细建模流程如图 2–12 所示。

2.1.6　风电出力时间序列评价指标

受资源条件制约，从短时间尺度来看，风电出力具有较强的随机波动特性；从长时间尺度来看，风电出力具有明显的季节特性，会呈现出一定的变化规律。通过一系列指标可以对风电出力特性进行定量的描述。本书中风电出力时间序列评价指标包括季节性指标、随机性指标和波动性指标。

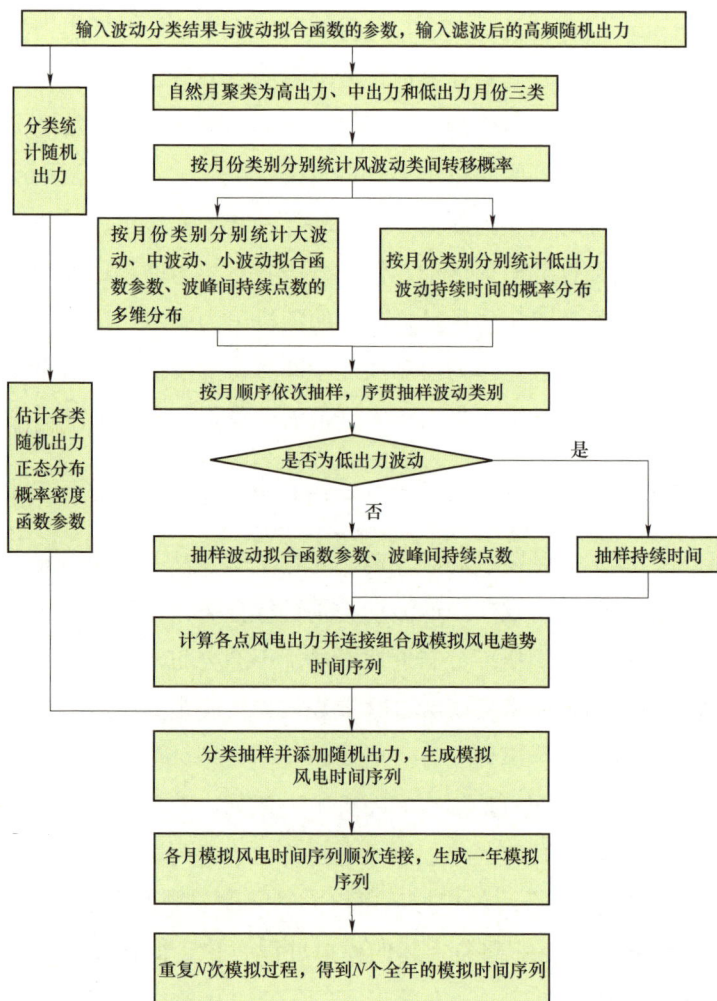

图 2−12　建模流程图

2.1.6.1　风电季节性指标

风电季节性指标包括日平均出力、月平均出力、月利用小时数、月最大出力分布。以某省风电为例，全年风电日平均和月平均出力如图 2−13 所示。由图可以看出，该省风电日平均出力曲线分布在装机容量的 0～40%，相邻日出力水平之间可能会出现较大的跳变（如 12 月初），存在连续数日平均出力较大（如 11 月中旬至 12 月中旬）和连续数日平均出力较小等情况（如 6 月底至 7 月初）。从各月平均出力曲线来看，该省 10 月和 11 月的月平均出力最大，分别为装机容量的 19.37% 和 20.07%，7 月和 8 月风电月平均出力最小，分别为装机容量的 7.14% 和 9.99%。

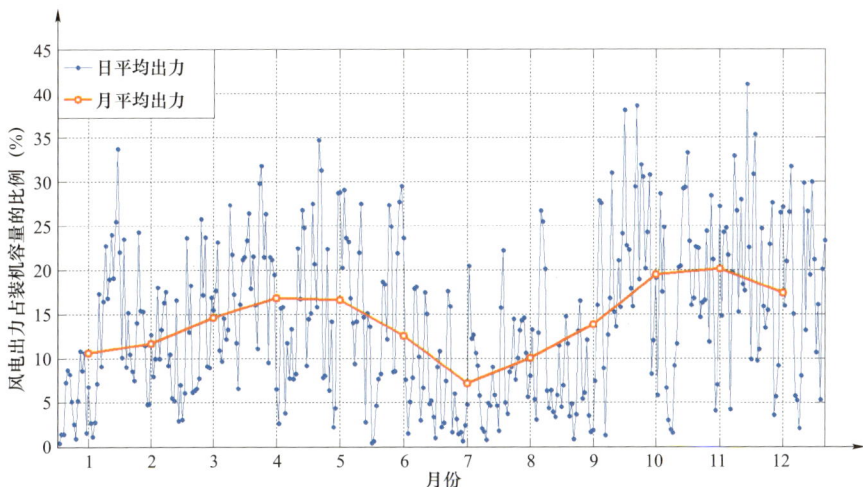

图 2-13 风电各月（日）平均出力

风电逐月利用小时数及月最大出力如图 2-14 所示，从全年来看，该省月利用小时数的年内分布有一定差异，4、5、10、11 月风电利用小时数比较大，超过 140h；7、8 月风电利用小时数最低，在 50～80h 内。从季节来看，春季（3～5 月）、秋季（9～11 月）风能资源丰富，风电利用小时数最高，冬季（12，1～2 月）次之，夏季（6～8 月）最低。

2.1.6.2 风电随机性指标

风电随机性指标包括概率分布和自相关函数（auto-correlation function，ACF）指标。概率分布描述了风电出力在长时间尺度下的统计分布特性，自相关系数描述了时间尺度上风电出力自身变化的分布特性。相关研究和实践经验表明，从长时间尺度来看风能资源的分布特性较为稳定，风速在长时间尺度下的统计分布服从于威布尔分布（Weibull Distribution），但通过非线性的风电机组发电功率曲线转换后，风电出力的概率分布会发生一定的改变。图 2-15 为某省全年风电出力的统计概率分布直方图，风电归一化出力在 0.05～0.2 出现的概率最高，随着风电出力的增加，其概率逐渐呈下降趋势。图中红色曲线为根据风电出力拟合的威布尔分布曲线，可以看出风电出力统计概率分布曲线与威布尔分布拟合曲线之间存在着一定的偏差，这主要由风速—风电之间的非线性转换关系导致。

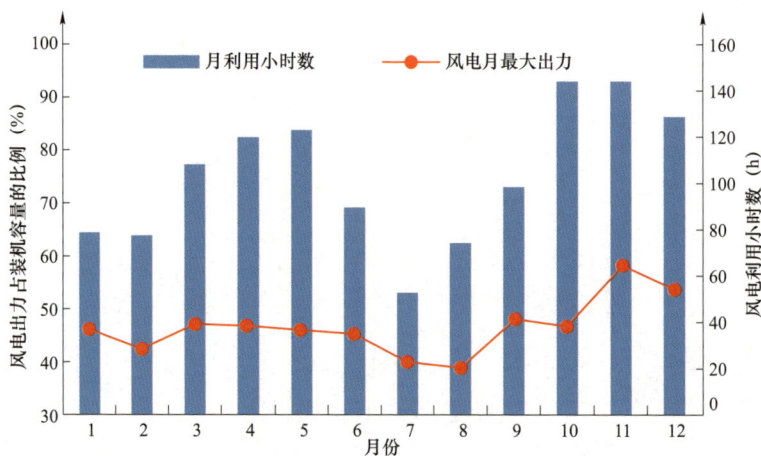

图 2-14　风电各月发电量及最大出力

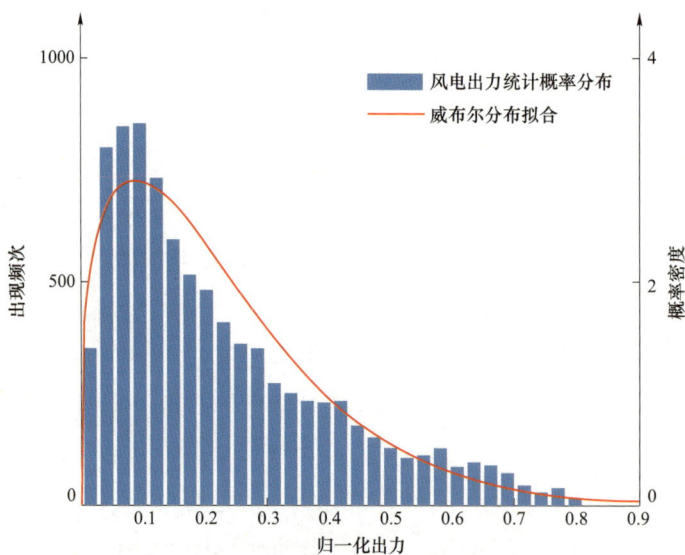

图 2-15　全年风电出力统计概率分布

自相关系数指标可以用来描述一个随机过程序列与其自身在不同时间

点的相关性。对随机变量 X_n，其自相关系数指标的计算公式如下

$$R_X(m) = \begin{cases} \sum_{n=0}^{N-m-1} X_{n+m} X_n & m \geqslant 0 \\ R_X(-m) & m < 0 \end{cases} \quad (2-18)$$

某省全年风电出力的自相关系数如图 2−16 所示。可以发现，风电出力与其自身的"延迟"或"超前"的出力具有明显的相关性，并且随着时间步长的增大而降低。风电出力具有自相关性，其本质是由风电出力波动过程所决定。风能的产生主要由大气运动决定，受天气过程产生和传播的影响，一段时间内风电出力可以通过波动过程来进行描述。

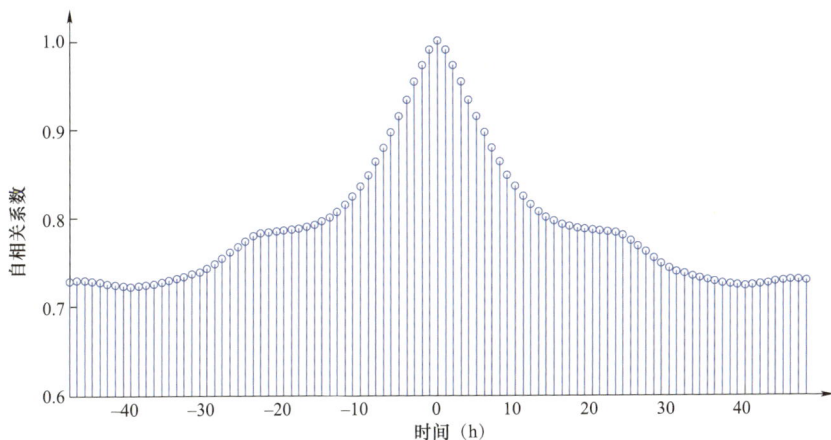

图 2−16 某省全年风电出力的自相关系数

2.1.6.3 风电波动性指标

风电波动性指标主要指风电在某一时间尺度内的最大波动概率分布。其中，最大波动是指某时间范围内风功率最大值与最小值的差值。若最大值出现在最小值之后，则差值为正；反之，则为负。若 t_r 表示所用数据的时间分辨率，短时波动特性为

$$F_t = \begin{cases} y_j - y_k & j > k \\ y_k - y_j & j < k \end{cases} \quad (2-19)$$

其中 $\quad y_j = \max(y_{t+i}), y_k = \min(y_{t+i}), i = 0, 1, 2, \cdots, \dfrac{T}{t_r}$

不同时间尺度（15min、1h、4h）下风电波动频率分布对比如图 2-17 所示，在 15min、1h、4h 的时间尺度下风电出力波动率出现在 -3%～3% 概率分别为 95.76%、69.76%、15.95%。这说明随着时间尺度的增加，风电出力的波动范围逐渐增大，但相应的波动出现概率会降低。15min 和 1h 的风电出力波动只有一个波峰值，而 4h 的出力波动具有两个波峰，这主要与风能特性相关，由于大气运动的作用，风的产生和持续具有明显的过程特性，一个较大的风过程通常会持续若干小时甚至几十个小时以上，当时间尺度短于一个风电波动过程时，风电出力的波动范围会较小；当时间尺度大于一个风电波动过程时，风电出力的波动范围会显著增加，并且呈现出双峰特性。在时间尺度较短的情况下（如 15min），虽然最大波动主要集中在 +10% 以内，但也有可能出现较大波动，从而给电网安全运行带来很大的挑战。因此，实时调度运行过程中，应预留足够的备用应对风电功率短时间尺度随机波动。

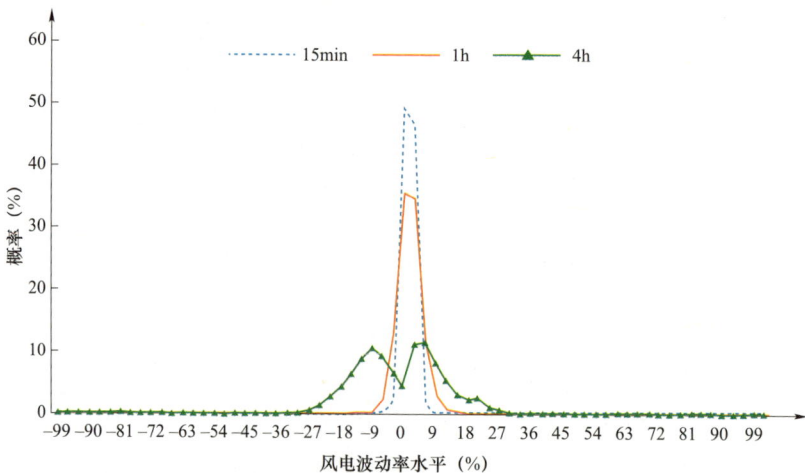

图 2-17　不同时间尺度下风电波动概率分布对比

2.1.7　风电时间序列建模实例分析

收集我国东部某省风电不限电的 20 个风电场连续 3 年运行数据作为建模实例验证数据，数据的时间分辨率为 15min，其中，前 2 年的历史数据作为建模输入数据，以生成时间长度为 1 年的风电模拟出力序列，第 3 年数据作为测试序列，用来检验模拟得到的数据有效性。需要说明的是，由于该省风电未发生过限电，这些数据最大限度地保持了风资源的特点，可充分体现风电出力的原始变化特性。

2.1.7.1　统计概率与序列模拟

采用 SOM 神经网络对自然月进行聚类，输入 SOM 神经网络的特征矢量为各月的大波动、中波动、小波动持续时间占比，得到各月的聚类结果见表 2-1。

表 2-1　　　　　　　　　　自 然 月 聚 类 结 果

类　　别	自　然　月　份
高出力月份	3 月，12 月
中出力月份	1 月，2 月，4 月，5 月
低出力月份	6 月，7 月，8 月，9 月，10 月，11 月

按照式（2-14）计算并统计可得到三类月份的风电波动转移概率矩阵见表 2-2～表 2-4。

表 2-2　　　　低出力月份风电波动类间转移概率

类　别	大　波　动	中　波　动	小　波　动	低出力波动
大波动	0.289 5	0.410 5	0.087 4	0.212 6
中波动	0.137 3	0.335 5	0.371 8	0.155 5
小波动	0.114 0	0.018 9	0.611 2	0.255 9
低出力波动	0.182 4	0.024 5	0.793 1	0

表 2-3　　　　中出力月份风电波动类间转移概率

类　别	大　波　动	中　波　动	小　波　动	低出力波动
大波动	0.378 4	0.279 5	0.273 2	0.068 9
中波动	0.158 9	0.351 9	0.329 1	0.160 2
小波动	0.145 9	0.116 2	0.601 7	0.136 2
低出力波动	0.228 3	0.156 7	0.615 0	0

表 2-4　　　　　　　　高出力月份风电波动类间转移概率

类　别	大　波　动	中　波　动	小　波　动	低出力波动
大波动	0.402 9	0.311 4	0.260 0	0.025 7
中波动	0.210 0	0.465 0	0.240 0	0.085 0
小波动	0.199 2	0.152 2	0.469 5	0.179 2
低出力波动	0.535 5	0.192 0	0.272 5	0

建模过程中需要统计三类月份大波动、中波动、小波动的多维联合概率分布以及低出力波动的一维概率分布。因为多维联合概率分布维度较多，难以用多维图来表现，因此，以各类月份大、中、小波动多维联合分布中极值参数和变化趋势参数的联合概率分布为例来表示统计结果。图 2-18 为中出力月份的统计结果，其余月份结果与此类似。

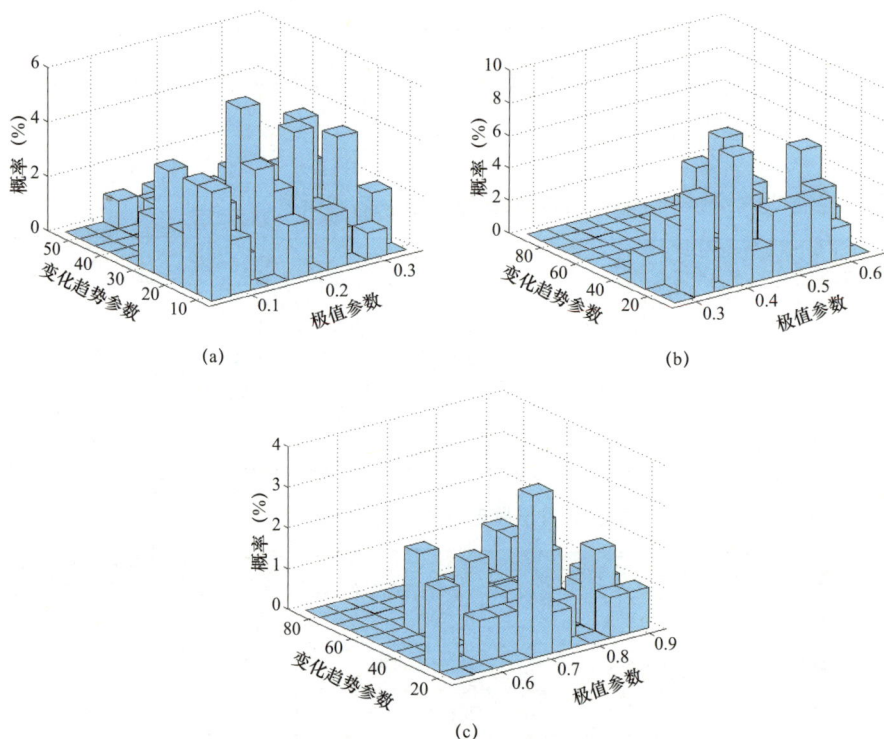

图 2-18　中出力月份波动极值参数和变化趋势参数的联合概率分布
（a）小波动；（b）中波动；（c）大波动

因为抽样过程中历史数据较少，导致部分概率分布出现 0 值，为保证抽样程序持续运行，将 0 值概率设定为接近于 0 的正数。经最终模型的有效性检验，此假设没有对最终结果的有效性造成较大的影响。根据统计概率结果，按月抽样并顺次连接可以得到 1 年的模拟时间序列，如图 2-19 所示。

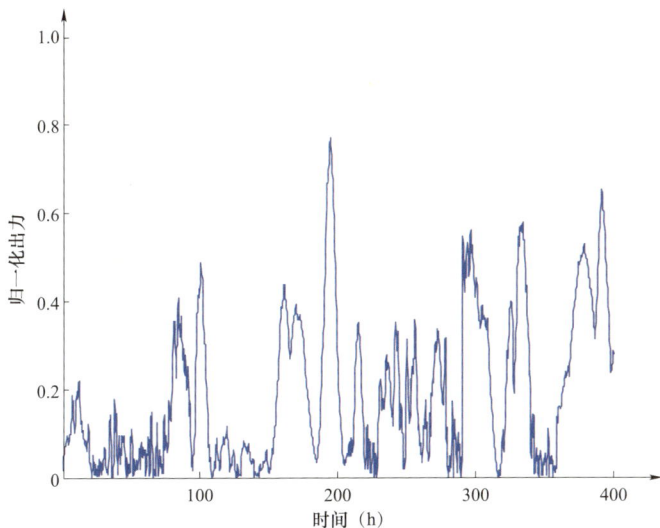

图 2-19　风电出力时间序列模拟结果示意

2.1.7.2　指标评价与检验

对历史测试风电出力时间序列和模拟风电出力时间序列的关键指标进行检验，图 2-20 为历史测试序列与模拟序列的概率密度函数（probability density function，PDF）对比结果，图 2-21 为历史测试序列与模拟序列的自相关函数和偏自相关函数（partial auto-correlation function，PACF）对比结果，图 2-22 为历史测试序列与模拟序列的 15min 和 60min 最大波动概率对比结果，图 2-23 为模拟序列与历史测试序列各月风电出力的平均值与标准差的对比结果。

由图 2-20 可以看出，模拟序列与历史测试序列的概率分布特性非常吻合；由图 2-21 可看出，模拟序列与历史测试序列的自相关特性也非常吻合；由图 2-22 可看出，模拟序列也能较好地保持历史测试序列的短时波动特性，具有较高的精度；由图 2-23 可看出，模拟序列较好地模拟了历史测试序列的月特性，各月出力有明显差异，冬季和春季风电出力较高，夏季和秋季风电出力较低，符合实际情况。模型给出的模拟风电出力时间序列与历史测试序列的各项统计特性均非常吻合，从而证明了建模方法的有效性。因此，可在此基础上研究风电功率长时间尺度波动对电力系统运行的影响。

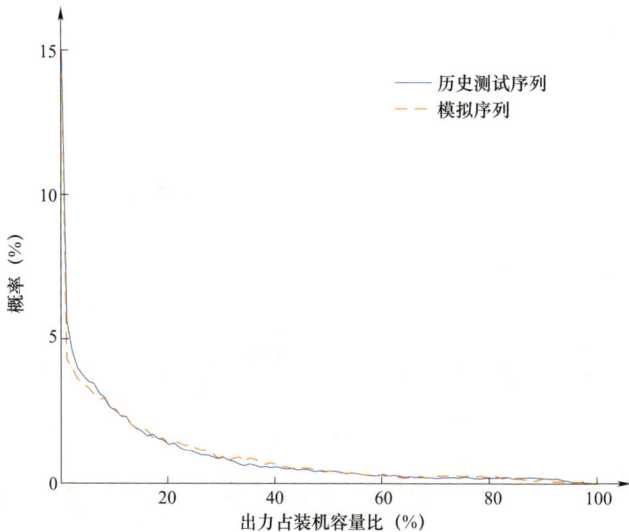

图 2-20 风电出力的 PDF 对比

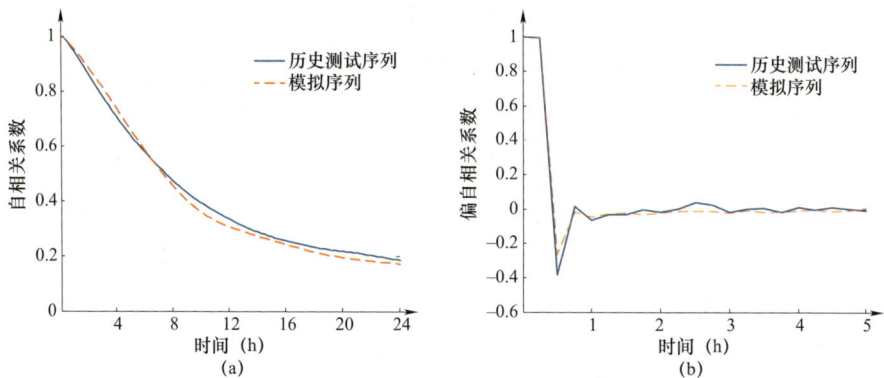

图 2-21 风电出力的 ACF 和 PACF 对比

（a）ACF 对比；（b）PACF 对比

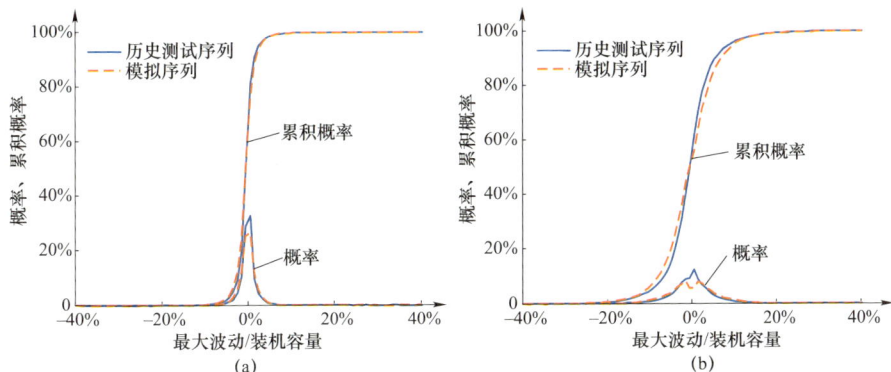

图 2-22　风电出力的 15min 和 60min 最大波动概率对比

（a）15min 最大波动概率对比；（b）60min 最大波动概率对比

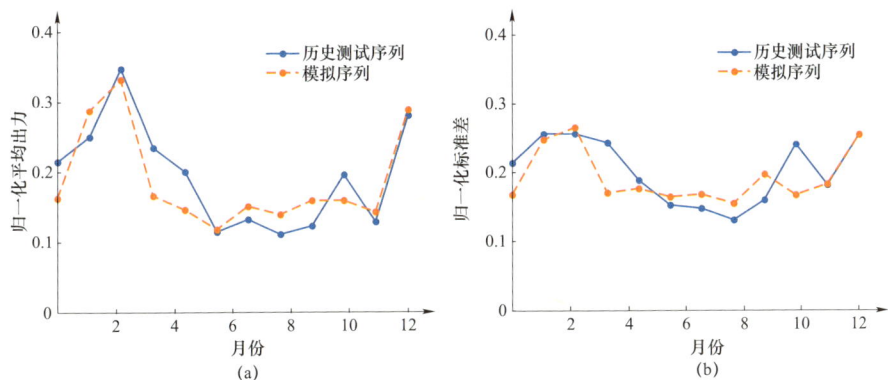

图 2-23　各月风电出力的平均值与标准差对比

（a）平均值；（b）标准差

2.2　光伏发电时间序列建模方法

2.2.1　光伏发电基本原理和模型

　　光伏发电是利用太阳能电池的光电效应将太阳辐射能直接转换为电能的一种发电形式。光电效应是太阳辐射使不均匀半导体或半导体与金属结合的不同部位之间产生电位差的现象。光伏发电能力主要由光伏面板接收到的太阳辐射强度决定，为确定太阳辐射强度，需要考虑太阳光的传输过程、太阳的位置及大气层对辐射强度的影响。

2.2.1.1 太阳光的传输过程

地球上的能量主要来源于太阳，太阳能量由中心的核反应区产生，经由太阳的辐射区、对流区传输到太阳大气层，并以辐射的形式到达地球大气层上界，经由地球大气层的衰减最终到达地球表面。太阳辐射可以分为直射辐射和散射辐射，直射辐射为未改变照射方向，以平行光形式到达地球表面的太阳辐射，散射辐射为经由大气层散射和反射后改变方向的太阳辐射，太阳总辐射为以上两种到达地面的太阳辐射之和。

对于地球上任意一点，大气层外侧的太阳辐射强度是确定的，它只与日地之间的相对位置有关，体现在公式上就是时间的函数，若设大气层上界某一时刻的太阳辐射强度为 I_0，可表示为

$$I_0 = S_0 \left\{ 1 + 0.033\cos\left[\frac{2\pi(n+10)}{365}\right] \right\} \quad \text{W/m}^2 \qquad （2-20）$$

式中　S_0——太阳常数，表示进入地球大气的垂直于光线的单位面积上所

接收到的太阳辐射总量，其值约为 1367W/m²，W/m²；

n——一年中的日期序号。

若不考虑大气层对太阳辐射变化的影响，则根据某一地点的海拔、经纬度等地理信息即可唯一确定该地点地面接收到的太阳辐射。但实际情况是太阳光在抵达地面之前需要通过大气层，大气层对太阳辐射具有反射、散射和吸收作用，这使得太阳辐射能在到达地面的过程中，强度和光谱能量分布都有一定程度的衰减和改变，因此，需研究大气层对太阳辐射的影响。从全球平均情况来说，到达地面的太阳总辐射约占大气层上方的太阳辐射的 45%。

2.2.1.2 太阳位置模型

太阳辐射强度的变化特性是影响光伏发电出力的关键因素，因此，太阳辐射模型的建立非常重要。太阳能光伏发电的净空理论出力取决于净空无任何遮挡情况下的太阳辐射强度，是时间、地理位置以及光伏电池板倾斜角的解析函数。

由于太阳辐射强度是由日地之间的相对位置直接决定的，而日地之间

的相对位置变化规律是确定的，因此在太阳光尚未进入大气层之前，太阳辐射强度是确定的，而当太阳光进入大气层之后，会产生一系列变化。首先不考虑大气层对太阳辐射强度的削弱作用，那么影响地球上某一点辐射强度的因素仅为该点与太阳光的夹角，在地理学上表现为太阳高度角的影响，影响某一地区的太阳高度角的因素主要有两个，一个是太阳赤纬角，这一因素主要体现在季节不同，太阳高度角会不断变化；另一个是该地区的太阳时角，这一因素主要体现在一天中各时刻太阳高度角会不断变化。太阳高度角可由太阳赤纬角、当地纬度和太阳时角来确定，其函数表达式为

$$\sin\alpha = \sin\delta\sin\phi + \cos\delta\cos\phi\cos\omega \qquad (2-21)$$

式中　α ——太阳高度角，(°)；

　　　ω ——太阳时角，(°)；

　　　ϕ ——当地纬度，(°)；

　　　δ ——太阳赤纬角，(°)。

地球自转会影响地面与太阳之间的夹角，这体现在太阳时角的变化，一般定义为在正午 12:00 时为 0°，每隔 1h 时角改变 15°。此外，还应考虑时差对时角的影响，因此某地以北京时间为依据的时角计算公式为

$$\omega = (12 - t)\times 15° + (120° - \psi) \qquad (2-22)$$

式中　ω ——太阳时角，(°)；

　　　ψ ——当地经度，(°)；

　　　t ——北京时间，h。

地球的公转也会影响太阳角度，这体现在太阳赤纬角的变化。太阳赤纬角是太阳中心和地心的连线与赤道平面投影间的夹角，用 δ 表示，可用库伯（Cooper）方程近似计算

$$\delta \approx 2\pi\times\frac{23.45°}{360°}\sin\left(2\pi\times\frac{284+n}{365}\right) \qquad (2-23)$$

式中　n ——一年中的日期序号，1 月 1 日定义为 $n=1$。

地面接收到的太阳能量随着太阳相对地平面的位置而时刻变化，一般来说太阳能光伏阵列不是水平放置，相对于地平面有一定的倾角，对于与水平面有倾角的光伏阵列，太阳入射角 θ_i 为太阳入射线和倾斜面法线之间

的夹角，其大小随着太阳位置的变化而变化，计算公式为

$$\cos\theta_i = \cos\beta\sin\delta\sin\phi + \cos\beta\cos\phi\cos\delta\cos\omega + \sin\beta\sin\gamma\cos\delta\sin\omega$$
$$+ \sin\beta\sin\phi\cos\delta\cos\omega\cos\gamma - \sin\beta\cos\gamma\sin\delta\cos\delta$$

$$(2-24)$$

式中　　β——光伏阵列板的倾斜角，（°）；

　　　　γ——光伏阵列板的方位角，（°）。

2.2.1.3　大气层对太阳辐射强度的影响

研究考虑大气层影响情况下到达地面的太阳辐射强度计算方法，首先需要计算大气透明度系数。大气透明度系数是指地球大气层允许太阳辐射通过的百分率，由位于天顶方向的太阳辐射投到地面上辐射量和大气上界的辐射量之比表示。全晴天条件下太阳直射辐射的大气透明度系数可由经验公式计算得到

$$\tau_b = 0.56(e^{-0.56M_h} + e^{-0.096M_h}) \qquad (2-25)$$

式中　　M_h——大气质量，它是太阳光线穿过大气的距离与在天顶角方向时
　　　　　　　太阳光线穿过大气的距离的比值。

由其定义可知，太阳辐射通过大气层的距离越长，其被大气层衰减越大，到达地球表面的太阳辐射也就越小。规定在标准大气压和 0℃的条件下，海平面上的太阳光线垂直入射路径为 1。

大气质量 M_h 的计算公式为

$$M_h = \left[1229 + (614\sin\alpha)^2\right]^{1/2} - 614\sin\alpha \qquad (2-26)$$

温度对大气质量的影响较小，但是为了精确评估，对于海拔较高的地区，需要修正大气质量，修正公式为

$$M_h' = M_h \frac{M(z)}{M_0}$$

$$\frac{P(z)}{P_0} = \left(\frac{288 - 0.065z}{288}\right)^{5.256} \qquad (2-27)$$

式中　　z——该地区的海拔，m；
$M(z)/M_0$——大气质量修正系数。

根据太阳直射辐射和大气透明度系数的定义，可得出某地太阳直射辐射强度的计算公式为

$$I_b = I_0 \tau_b \cos \theta_i \quad \text{W/m}^2 \qquad (2-28)$$

太阳辐射的散射和反射作用非常复杂，与多种气象条件有关，随天气条件的变化而变化，不同的太阳高度角、海拔、云量、云状和大气透明度都会产生不同程度的散射和反射。根据经验公式，太阳散射和反射辐射强度的计算公式为

$$I_d = I_0 \tau_d \cos^2\left(\frac{\beta}{2}\right)\sin\alpha + \rho I_0 \tau_r \sin^2\left(\frac{\beta}{2}\right) \qquad (2-29)$$

式中　ρ ——地表反射率；

　　　τ_d ——散射透明度系数；

　　　τ_r ——反射透明度系数。

经实验证明，在全太阳辐射条件下，散射辐射和直射辐射的大气透明度系数关系、反射辐射和直射辐射的大气透明度系数关系如式（2-30）所示

$$\tau_d = 0.271 - 0.274\tau_b$$
$$\tau_r = 0.271 + 0.706\tau_b \qquad (2-30)$$

在排除随机因素影响的情况下，地球上某地水平面接收到的太阳总辐照强度为

$$I_t = I_b + I_d \qquad (2-31)$$

利用式（2-20）～式（2-31）即可计算出地球上任意地点和任意时刻与地面倾角为 β 的光伏面板上净空接收到的太阳辐射强度 I_t。由上述模型可知，只要给出某地的地理位置信息（经纬度、海拔）、时间信息（一年中的某一天、一天中的某一时刻）、大气的质量信息以及光伏面板与地面的倾角（一般设为该地的纬度），就可以得到当地光伏面板上接收到的太阳辐射强度。

2.2.1.4　光伏发电模型

考虑光伏板电池在不同光照强度下的转换特性，可计算出 t 时刻光伏板电池的有功发电出力 $P_{pv,t}$，其与太阳辐射强度之间的关系可以近似表达为

$$P_{pv,t} = \begin{cases} \dfrac{P_{sn}I_t^2}{I_{std}R_c}[1-\partial_T(T_t-T_{stc})] & 0 \leqslant I_t < R_c \\[3mm] \dfrac{P_{sn}I_t}{I_{std}}[1-\partial_T(T_t-T_{stc})] & R_c \leqslant I_t \end{cases} \tag{2-32}$$

式中　I_{std}——在标准条件下的单位面积光强，可取为 1000W/m²，W/m²；

　　　R_c——设定的特定强度的光强，可取为 150W/m²，W/m²；

　　　P_{sn}——光伏板电池在标准条件下的额定功率，W；

　　　T_t——t 时刻光伏板电池的温度，℃；

　　　T_{stc}——标准电池温度，一般为 25℃，℃；

　　　∂_T——光伏板的温度系数，取值在 0.03～0.05℃⁻¹，℃⁻¹。

大量的实验证明，光伏板电池温度与太阳辐照强度、环境温度的经验公式如式（2-33）所示

$$T_t = T_{air} + KI_t \tag{2-33}$$

式中　T_{air}——环境温度；

　　　K——调整系数，根据光伏电池板的性能而变化。

根据上述推导过程可以计算得到忽略实际光伏发电过程中阴影、云层遮挡、天气过程变化等不确定因素影响的每日的理想发电出力曲线，即为光伏发电净空理论出力，其变化规律确定，而且具有一定的年周期性，实质为光伏发电实际出力的外包络线。图 2-24 为不考虑遮挡的全年净空理论出力。

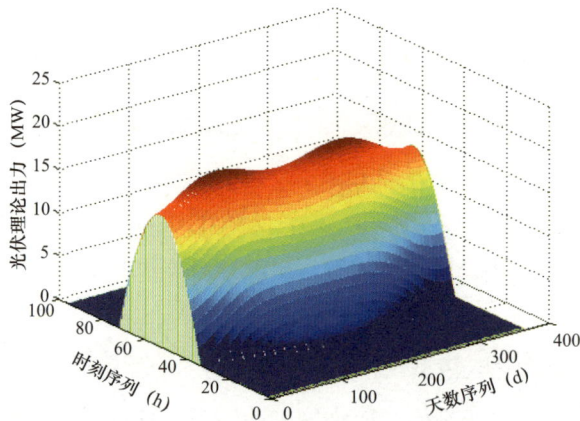

图 2-24　不考虑遮挡的全年净空理论出力

2.2.2　光伏发电出力划分和辨识

针对光伏发电出力的机理和特点，可以将光伏发电出力分解为净空状态下的确定性出力和天气因素所引起的随机扰动两部分。第一部分由太阳位置和净空辐照度所决定，用基于净空模型的光伏发电相对出力进行建模，第二部分由不同的天气过程决定，可采用随机扰动模型来进行建模。

2.2.2.1　基于净空模型的光伏发电相对出力

以光伏净空理论发电出力为基准，可对光伏发电出力 $P_{i,t}$ 进行标幺化处理，可得各日基于净空模型的相对发电出力 $P_{i,t}^{N}$，即

$$P_{i,t}^{N} = \frac{P_{i,t}}{P_{i,t}^{D}} \tag{2-34}$$

式中　$P_{i,t}^{D}$——第 i 天 t 时刻的净空理论出力，MW。

对 $P_{i,t}^{N}$ 进行分解，可以分解为功率基准值与不确定性发电出力之和，基于净空模型的光伏相对发电出力可以转化为功率基准值累加上由不同云层以及天气状态引起的不确定性发电出力

$$P_{i,t}^{N} = P_{i}^{S} + \Delta P_{i,t}^{N} \tag{2-35}$$

$$P_{i}^{S} = \frac{1}{n}\sum_{t=1}^{n} P_{i,t}^{N} \tag{2-36}$$

式中　$\Delta P_{i,t}^{N}$——第 i 天 t 时刻由不同云层状态以及天气状态引起的波动大小；

　　　P_{i}^{S}——第 i 天的功率基准值，用来反映该日光伏发电出力大小的相对程度。

将式（2-35）代入式（2-34），可得光伏发电出力的完整模型描述，即

$$P_{i,t} = P_{i,t}^{D}(P_{i}^{S} + \Delta P_{i,t}^{N}) \tag{2-37}$$

图2-25（a）给出了西北某光伏电站某天的完整模型描述示意图，图2-25（b）为该日的光伏相对发电出力，由图2-25（c）可以看出该日的光伏相对发电出力可以转化为功率基准值与波动值之和。

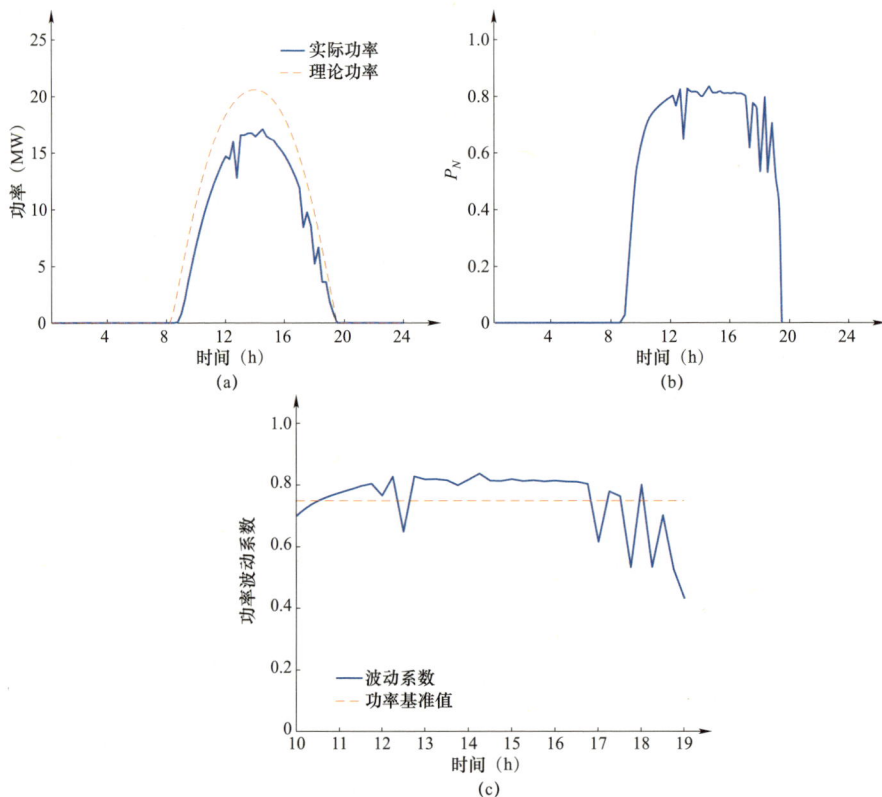

图 2－25　光伏发电出力模型分解图

（a）净空发电出力与实际发电出力；（b）相对发电出力；（c）功率波动大小

2.2.2.2　不同天气类型下的光伏发电出力辨识

根据《公共气象服务　天气图形符号》（GB/T 22164—2017），可将天气状态分为 33 种不同天气类型。在统计光伏电站的历史发电出力数据和所处地点的气象数据时，可将每天的发电出力数据分为晴、多云、阴、突变天气四种典型天气类型，突变天气为天气状况的转移，如阴转多云、阴转雨、雨转阴等。不同天气类型的发电功率曲线有着明显的不同，光伏电站的发电量、功率波动情况均有较大差别，因此天气类型的划分实质就是对各日光伏发电出力曲线进行类别划分，传统的曲线类别划分算法如贝叶斯、决策树、人工神经网络、关联规则等，主要是通过欧几里德距离（Euclidean distance）来对高维相量分类，但并不适用于区分曲线的波动特性。

在不考虑阴影、云层遮挡、天气过程变化等不确定因素条件下，光伏发电出力具有一定的规律性，因此，研究基于净空模型的光伏发电相对出力的波动情况，主要是对其进行分类和天气类型划分。由于光伏电站数据记录时间尺度为 15min，每天共记录 96 次，变量维度很高。若直接对发电出力变量进行类别划分，计算量非常大，并且光伏电站在不同天气类型下相对发电出力波动性的差别不能够得到很好的反映，因此，采取特征提取法对光伏发电出力曲线进行分类，选取了 5 个能够反映光伏发电相对出力波动性的特征，如式（2-38）～式（2-42）所示。该方法在保留原数据特征主要信息的基础上，将高维数据映射到低维空间，有利于后续研究分析

$$d_1 = \frac{1}{n}\sum_{i=1}^{n} z_i \qquad (2-38)$$

$$d_2 = \frac{1}{n-1}\sum_{i=1}^{n-1} |z_{i+1} - z_i| \qquad i = 1, 2, \cdots, n-1 \qquad (2-39)$$

$$d_3 = \sqrt{\frac{1}{n}\sum_{i=1}^{n}(z_i - d_1)^2} \qquad (2-40)$$

$$d_4 = \sqrt{\frac{1}{n}\sum_{i=1}^{n}(z_i' - \overline{z}_i')^2} \qquad (2-41)$$

$$d_5 = \max |z_{i+1} - z_i| \qquad i = 1, 2, \cdots, n-1 \qquad (2-42)$$

式中　d_1——光伏电站一天的平均相对发电出力；

　　　d_2——一天相对发电出力矩阵一阶差分绝对值的平均值；

　　　d_3——光伏电站一天相对发电出力的标准差；

　　　d_4——一天相对发电出力矩阵一阶差分绝对值的标准差；

　　　d_5——一天相对发电出力矩阵一阶差分绝对值的最大值，反映了天气变化的程度；

　　　z_i——i 时刻的相对发电出力，$z_i' = |z_{i+1} - z_i|, i = 1, 2, \cdots, n-1$；

　　　$\overline{z}_i'$——z_i' 的平均值。

利用 5 个特征构成的特征向量 $d=[d_1,d_2,d_3,d_4,d_5]$ 代替光伏电站相对发电出力。在新的数据空间里采用 SOM 神经网络聚类算法对各日相对发电出力曲线进行聚类分析，可得到曲线分类结果，每类曲线对应一类天气类型。图 2-26 为西北某一光伏电站聚类后四种天气类型典型日的相对发电出力曲线及对应的实际发电出力和净空发电出力的对比曲线。可以看出晴天时相对发电出力曲线有一定的规律，若除去日出日落的 1~2h，相对发电出力曲线近似为一条直线，光伏实际发电出力平稳，曲线比较光滑，近似为一正弦半波曲线，且与净空发电出力曲线的轮廓基本一致。多云天气的相对发电出力曲线波动较大，光伏实际发电出力受云层遮挡影响，发电出力波动较大。阴天的光伏相对发电出力水平较低，具有一定的波动性；光伏实际发电出力也较低，与净空发电出力曲线的轮廓差距较大。图 2-26（d）为突变天气，可看出为晴转多云，相对发电出力曲线波动也较大。

由图 2-26 可知，晴天时相对发电出力曲线有一定的规律，若除去日出日落时刻，相对发电出力曲线近似为一条直线，现对其日出日落时刻的性质进行模拟：找到晴天相对发电出力直线时段的起始时刻 $t_{i,on}$、终止时刻 $t_{i,off}$ 和对应的相对发电出力值 $P_{i,on}$，$P_{i,off}$，起始时刻前和终止时刻后的时段可看做日出和日落时刻（一般为 4~6 个点，即 1~1.5h）。分别求出晴天日出时刻相对发电出力与 $P_{i,on}$ 的比值和晴天日落时刻相对发电出力与 $P_{i,off}$ 的比值，为参考发电出力，再分别求出日出时刻与 $t_{i,on}$ 的差值和日落时刻与 $t_{i,off}$ 的差值，为相对时刻。然后分别对日出/日落的相对时刻和参考发电出力进行直线最小二乘拟合，得到晴天日出日落拟合特征直线。图 2-27 和图 2-28 为青海某一光伏电站晴天日出/日落（共 75min）的特征直线拟合情况，其晴天日出拟合特征直线为式（2-43），晴天日落拟合特征直线为式（2-44）。晴天其余时刻仍为原来的相对发电出力，这样晴天的基于净空模型的光伏发电相对出力被分为了三段

$$y=0.174x+1.114 \quad (-5 \leqslant x \leqslant -1) \quad\quad (2-43)$$

$$y=-0.191x+1.142 \quad (1 \leqslant x \leqslant 5) \quad\quad (2-44)$$

48

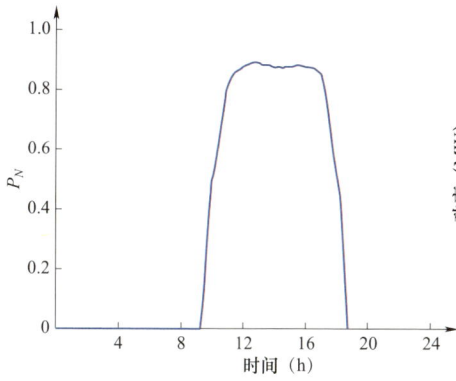
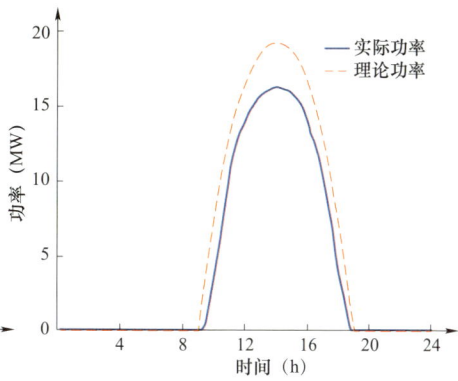

(a)

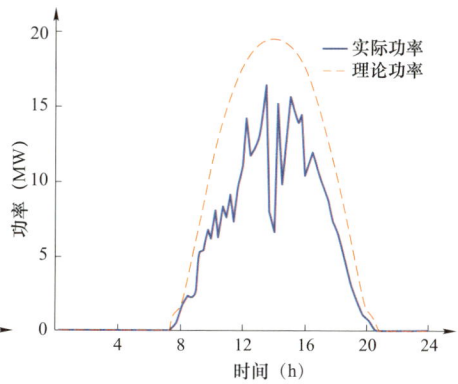

(b)

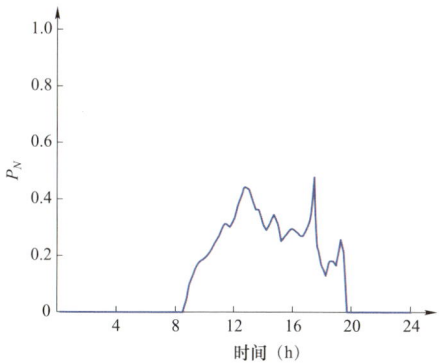
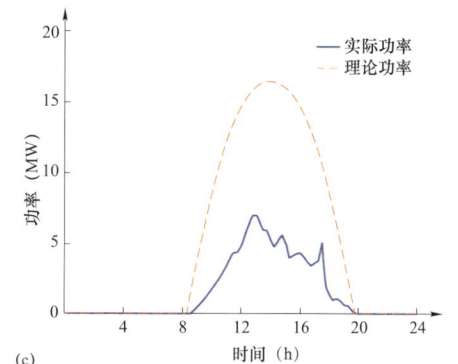

(c)

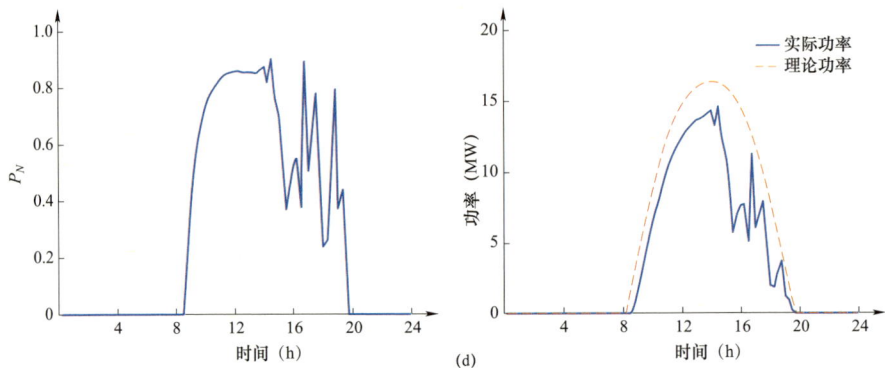

图 2-26　某光伏电站不同天气类型实际发电出力和净空发电出力对比

（a）晴天；（b）多云；（c）阴天；（d）突变天气

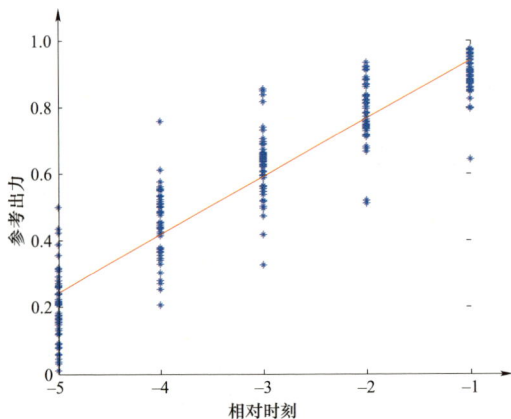

图 2-27　晴天日出时段特征线性拟合图

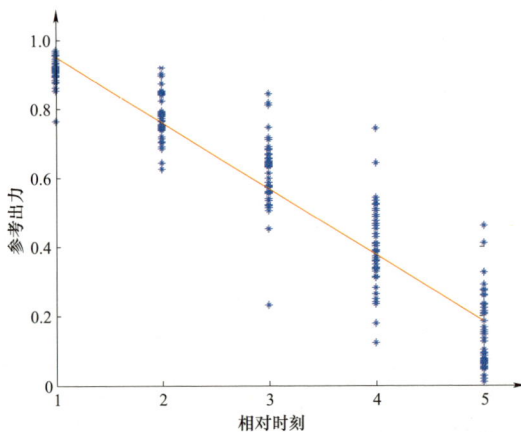

图 2-28　晴天日落时段特征线性拟合图

　　四种天气类型下的归一化波动值 $\Delta P_{i,t}^{N}$ 近似服从正态分布，但拟合精度不高，为了更好的拟合其概率分布，可以采用三分量混合高斯概率分布来拟合，拟合关系式为

$$f(x) = \alpha_1 \frac{1}{\sqrt{2\pi}\sigma_1} e^{-\frac{1}{2\sigma_1^2}(x-\mu_1)^2} + \alpha_2 \frac{1}{\sqrt{2\pi}\sigma_2} e^{-\frac{1}{2\sigma_2^2}(x-\mu_2)^2} + \alpha_3 \frac{1}{\sqrt{2\pi}\sigma_3} e^{-\frac{1}{2\sigma_3^2}(x-\mu_3)^2}$$

$$（2-45）$$

　　分布参数采用基于期望最大化（expectation maximization，EM）的极大似然估计算法来求解，这样可以得到四类天气类型下归一化波动值 $\Delta P_{i,t}^{N}$ 的概率分布函数。

2.2.3　光伏发电转移特性和随机模拟

　　类似于风资源的变化情况，每日天气过程之间的转换也可看作是马尔科夫随机过程，可考虑采用马尔科夫链来模拟各类天气过程之间的转换，根据全年的天气类型，统计得到历史天气过程转移概率矩阵。转移概率的计算方法为

$$\begin{cases} P_{1-1} = \dfrac{N_{1-1}}{N_1} \\[2mm] P_{1-2} = \dfrac{N_{1-2}}{N_1} \\[2mm] P_{1-3} = \dfrac{N_{1-3}}{N_1} \\[2mm] P_{1-4} = \dfrac{N_{1-4}}{N_1} \end{cases} \qquad （2-46）$$

式中　　　　　　　　1——晴天天气类型；

　　　　　　　　　　2——多云天气类型；

　　　　　　　　　　3——阴天天气类型；

　　　　　　　　　　4——突变天气类型；

P_{1-1}，P_{1-2}，P_{1-3}，P_{1-4}——晴天转移到多云、阴天、突变天气类型的概率；

N_{1-1}，N_{1-2}，N_{1-3}，N_{1-4}——晴天转移到多云、阴天、突变天气类型的次数；

　　　　　　　　　N_1——出现晴天天气类型的次数。

　　同理可计算多云、阴天、突变天气的转移概率。

　　天气过程转移概率统计结束之后，还需要分天气类型统计功率基准值的一维概率分布，由功率基准值和归一化波动值可确定某日的各时刻相对发电出力。其中需要注意的是：计算晴天每天的功率基准值时，应排除日

出日落时刻的影响，功率基准值为中间段相对发电出力的平均值。与风电类似，基于统计得到光伏发电出力转移概率，然后通过序贯随机抽样得到光伏发电出力的模拟序列。

2.2.4 光伏发电出力时间序列建模流程

统计得到光伏发电出力时间序列的概率特征之后，可利用序贯随机抽样技术构造光伏发电出力时间序列。主要是通过序贯抽样方法从上文中的各项统计参数中进行抽取，然后通过光伏相对发电出力模型计算得到每日各时刻的相对发电出力，并对晴天的日出/日落时刻的相对发电出力进行修正，最后用净空模型还原得到光伏发电出力模拟时间序列。光伏发电出力时间序列建模流程如图 2−29 所示。

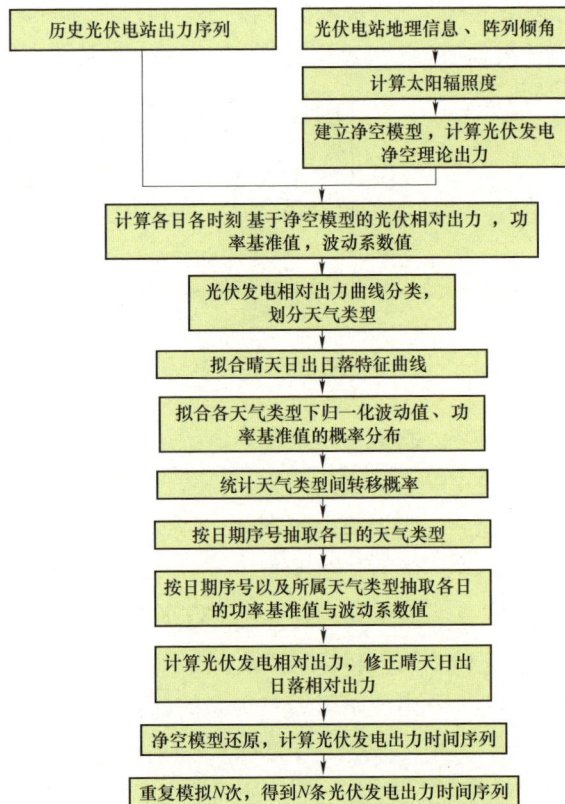

图 2−29　光伏发电出力时间序列建模流程图

（1）根据历史马尔科夫转移概率矩阵生成马尔科夫链，确定每日的天气类型，形成天气类型序列表。

（2）根据光伏电站第 i 日所属天气类型的功率基准值概率分布中抽取该日的功率基准值 P_i^S。

（3）根据光伏电站第 i 日所属天气类型的实际归一化波动值概率分布中抽取该日各时刻的 $\Delta P_{i,t}^N$，其中夜间光伏发电出力为 0，不需要抽取，抽取时刻为每日的光伏发电出力时刻。

（4）通过式（2−35）可获得光伏电站在模拟周期内的相对发电出力，并采用晴天日出/日落拟合特征曲线对晴天的日出/日落时刻的功率进行修正。

（5）通过式（2−37）即可计算得到光伏电站在模拟周期内的光伏发电出力时间序列。

最后，重复上述模拟过程 N 次，直至生成所需的 N 条光伏发电出力时间序列。

2.2.5　光伏发电时间序列评价指标

光伏发电主要受太阳辐照的影响，表现为白天发电、晚上停发，具有明显的日周期性。同时，云层的遮挡会导致光伏电池发电出力的急剧下降，秒级最大降幅可达 50% 以上。因此，光伏发电也同风力发电一样，具有间歇性、波动性以及随机性的特点，但由于太阳辐照的变化较风能有较强的规律性，因此光伏发电的规律性要强于风力发电。

我国西北地区具有海拔较高、气候干燥、晴天日数多、大气透明度好、日照时间长、辐射强度高等特点，非常适宜建设光伏电站。晴朗天气条件下光伏电站发电出力形状类似正弦半波，非常光滑，发电出力时间集中在 6:00～18:00，中午时分达到最大；而多云天气下，由于受到云层遮挡，辐照度变化较大，导致光伏电站发电出力短时间波动较大，具有较大的随机性。

下面从随机性指标和波动性指标两方面分析光伏发电运行特性，波动性指标为最大波动概率分布。

2.2.5.1　光伏发电随机性指标

光伏发电随机性指标主要包括发电出力概率分布和最大发电出力出现

时刻，发电出力概率分布指标与风电特性指标的计算方式相同。以我国西北地区某光伏电站为例，统计其全年的发电出力得到概率分布如图 2－30（a）所示。由图可以看出，光伏电站全年有 60% 左右的概率发电出力在10% 以下，这是由于晚上没有阳光，日落后到第二天日出前很长一段时间辐照度一直为零，因此光伏电站的发电出力也为零。

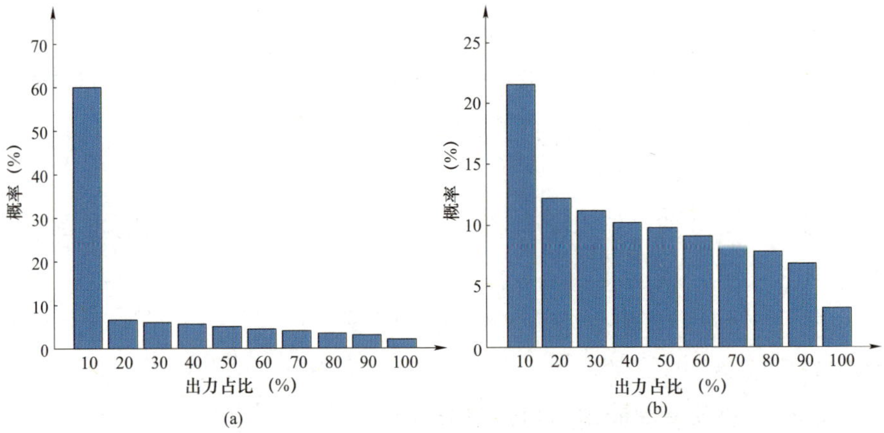

图 2－30 光伏电站发电出力概率统计图

(a) 00:00～24:00；(b) 6:00～18:00

若只统计 6:00～18:00 光伏电站发电出力概率，则概率图如图 2－30（b）所示。从图中可知，光伏电站发电出力范围较大，随着发电出力的升高，概率呈曲线缓慢下降，形状如放倒的正弦半波。小于 10% 的发电出力概率仅为 22% 左右，而大于 50% 的发电出力概率也达到了 35% 以上。

2.2.5.2 光伏发电波动性指标

为最大限度地捕获太阳能，光伏发电通常采取最大功率跟踪策略。而当有云层遮挡阳光时，太阳能辐照度会出现波动，此时光伏发电出力也随之产生波动。与风电类似，光伏发电的波动性指标为最大波动概率分布。

图 2－31 显示了某光伏电站在不同时间尺度下的最大波动概率分布情况。从图中可以看出，短时间间隔的光伏发电出力最大波动概率分布都近似均匀地分布在 0 左右，且时间间隔越长，集中度越低，即随着时间间

隔的增大，最大波动的值也越来越大。如 15min，虽然最大波动主要集中在±10%以内，但也有可能出现较大波动，如最大达到了 58.7%，这样大的短时波动是由于云层遮挡住太阳所致。而对于长时间的时间间隔，由于夜间的光伏发电出力为 0，所以波动就等于当天的最高发电出力，且均为正数，即最大值出现在最小值之后。

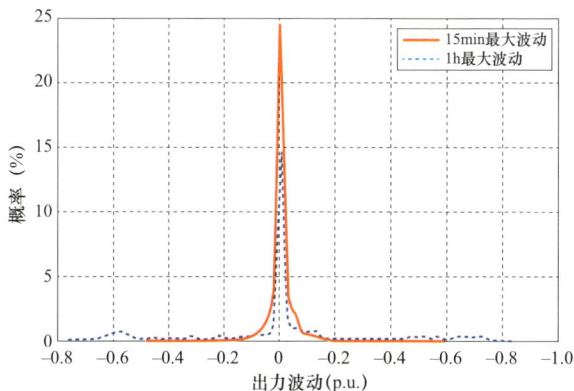

图 2-31 光伏发电出力不同时间尺度下的最大波动概率分布

2.2.6 光伏发电时间序列建模实例分析

2.2.6.1 数据基本情况

采用的建模数据为我国西北某光伏电站 2014~2015 年的历史发电出力数据，时间分辨率为 15min，该光伏电站地处东经 94.55°，北纬 36.26°，海拔为 2800m，额定容量为 20MW。其全年各天不同时刻发电出力如图 2-32 所示。可看出随着太阳辐射的强弱变化，一天中不同时刻光伏电站发电出力不同，夜间发电出力为零，早上和晚上的发电出力较低，中午发电出力较高；对于一年来说，春天和秋天的平均发电出力比较高，夏天次之，冬天最低，之所以呈现这样的发电出力特性与光伏板的倾角直接相关。光伏电站每天的发电出力起始时刻、终止时刻以及最大发电出力时刻如图 2-33 所示，由该图可以看出一年中各天光伏电站起始/终止发电出力时刻不同，该光伏电站冬季起始发电出力时刻较晚，终止发电出力时刻较早，发电出力时间较短；夏季起始发电出力时刻较早，终止发电出力时刻较晚，发电出力时间较长，最大发电出力时刻在 12:00～15:00，集中于 13:30 左右。

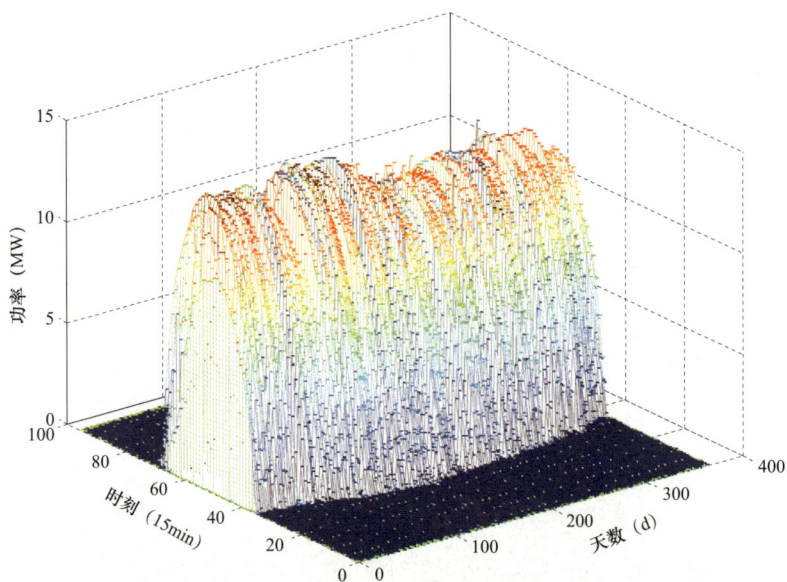

图 2-32　一年中不同时刻光伏电站发电出力图

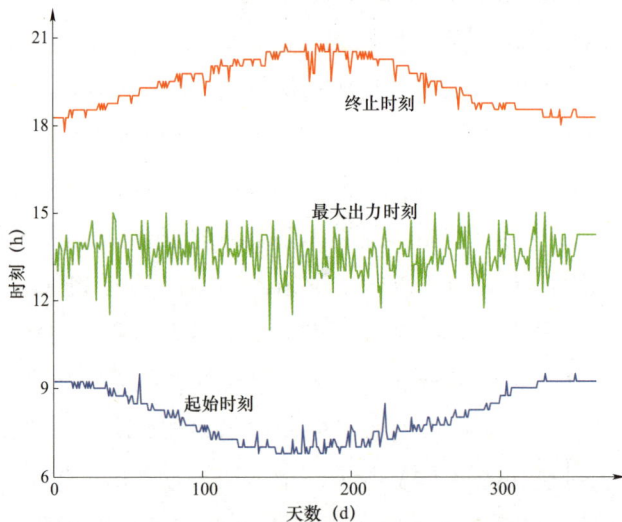

图 2-33　光伏电站每天发电出力起始时刻、终止时刻
以及最大发电出力时刻

2.2.6.2　光伏时间序列模拟

计算得到的该光伏电站所处地区一年中不同时刻的净空太阳辐照度如图 2-34 所示，由图中看出固定倾角的光伏阵列接收到的太阳辐照度在春分和秋分时辐照度最高，而在冬至时辐照度最低；且辐照时间也有季节性差异，冬季起始辐照时刻较晚，终止辐照时刻较早，发电出力时间较短，夏季起始辐照时刻较早，终止辐照时刻较晚，辐照时间较长。基于辐照数据通过光伏电池模型可计算出该光伏电站一年中不同时刻下的净空理论发电出力。

将光伏实际功率转化为基于净空模型的光伏相对发电出力，然后对各日相对发电出力曲线进行聚类分析，可得到天气类型划分结果，然后分天气类型进行各参数的拟合与概率统计。采用三分量混合高斯概率分布来拟合各种天气类型下的波动系数值 $\Delta P_{i,t}^{N}$，拟合效果如图 2-35 所示，可看出各种天气类型下三分量混合高斯概率分布能够很好地拟合实际波动系数值 $\Delta P_{i,t}^{N}$ 的概率密度函数，而且各种天气类型下实际波动系数值的分布特点为：晴天的波动系数值较小且分布较为集中，多云和突变天气的波动系数值较大且分布较为分散。这与前文分析的各天气类型相对发电出力波动特性是相符的。

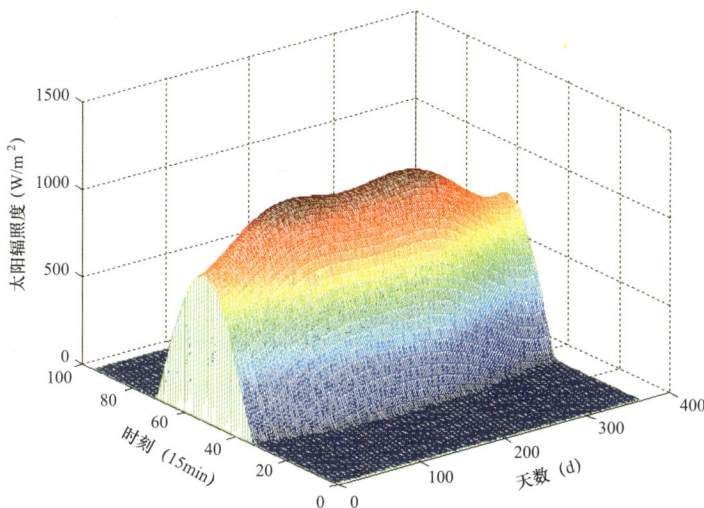

图 2-34　不考虑遮挡的全年净空辐照度

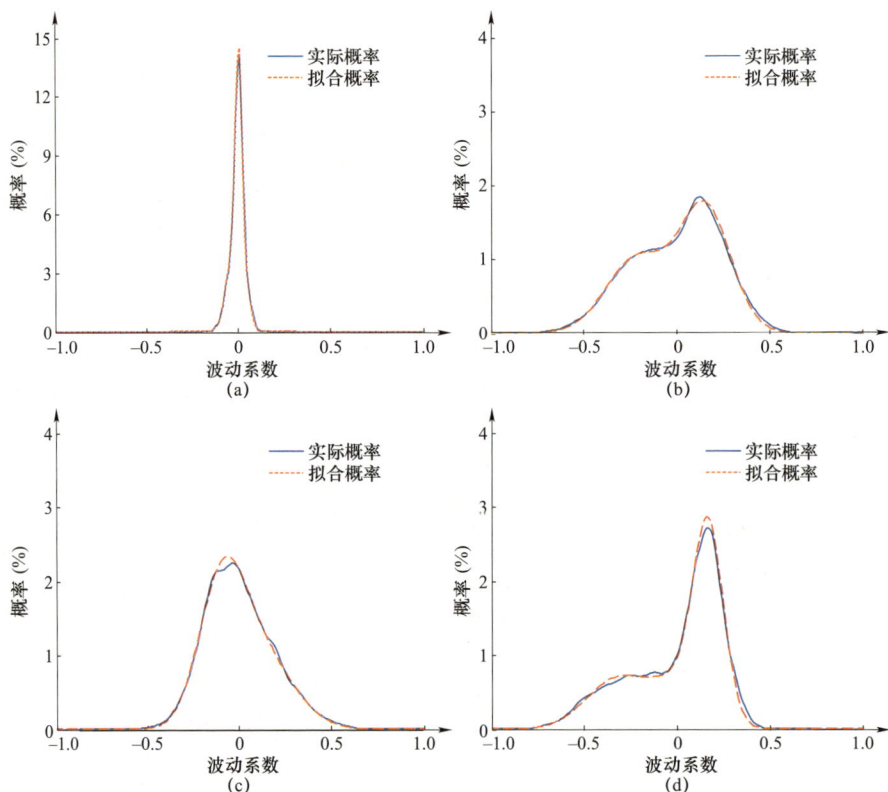

图 2-35　4 种天气类型下的波动系数概率分布拟合

（a）晴天；（b）多云；（c）阴天；（d）突变天气

计算得到的各天气类型下各拟合参数如表 2-5 所示。

表 2-5　　　各天气类型下的归一化波动概率分布拟合参数

天气类型	α_1	α_2	α_3	μ_1	μ_2	μ_3	δ_1	δ_2	δ_3
晴天	0.355 2	0.344 5	0.300 4	0.007 4	−0.021 5	0.016 0	0.000 2	0.001 7	0.001 2
多云	0.222 8	0.277 2	0.500 1	−0.242 2	−0.097 3	0.161 8	0.022 3	0.045 8	0.017 7
阴天	0.180 4	0.191 5	0.628 0	0.149 1	0.138 2	−0.085 0	0.029 2	0.027 3	0.016 7
突变天气	0.217 2	0.270 9	0.511 9	0.009 5	−0.326 6	0.168 8	0.022 0	0.027 2	0.006 6

按照式（2-46）所统计得到的各天气类型间转移概率如表 2-6 所示。

表 2-6   日天气类型间转移概率

转移概率	晴天	多云	雨雪	突变天气
晴天	0.383 7	0.337 2	0.046 5	0.232 6
多云	0.198 5	0.419 8	0.160 3	0.221 4
阴天	0.137 9	0.327 6	0.413 8	0.120 7
突变天气	0.213 5	0.303 4	0.112 4	0.370 8

统计晴天、多云、阴天和突变天气四种天气类型功率基准值的一维概率分布，对根据样本得到的离散概率分布进行三次样条插值拟合，得到与实际情况相符合的四种天气类型功率基准值概率分布及累积概率分布曲线，如图 2-36 所示。

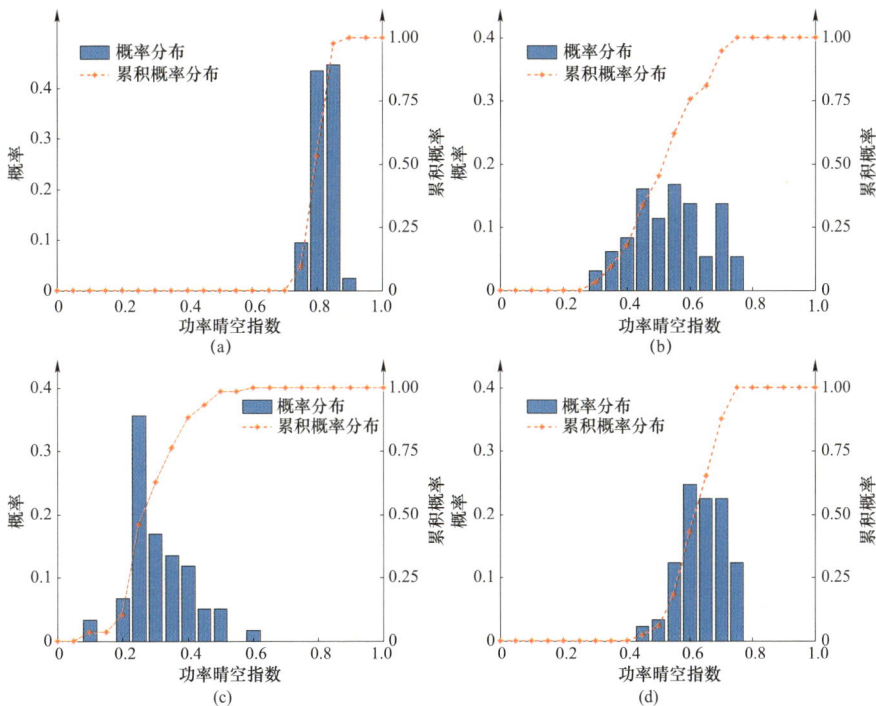

图 2-36 4 种天气类型功率基准值概率分布及累积概率分布
（a）晴天；（b）多云；（c）阴天；（d）突变天气

统计光伏发电出力时间序列的概率特征之后，可按照序贯抽样构造光伏发电出力时间序列的步骤来生成模拟序列，晴天日出/日落时段均选取为

5个时间点，计算得到晴天日出时刻修正系数向量为[0.243，0.417，0.591，0.765，0.940]，日落时刻修正系数向量为[0.951，0.760，0.569，0.379，0.188]。用各晴天日出时段后第一个时间点的模拟相对发电出力乘晴天日出时刻修正系数向量、各晴天日落时段前第一个时间点的模拟相对发电出力乘晴天日落时刻修正系数向量，即得到晴天日出/日落时段的修正发电出力，最后用净空模型还原，得到光伏发电出力模拟时间序列。

仿真得到该光伏电站一年的部分序列如图2-37（a）所示，图2-37（b）为高分辨率下选取的连续5天的仿真序列，这5天中涵盖了3种天气类型。由图2-37（b）中可以清晰地看出，第1天和第5天为晴天，波动很小；第2天和第3天为多云天气，波动较大；第4天为阴天天气，整天发电出力较小，波动程度适中，这与实际光伏电站的运行情况相符。本章所阐述的建模方法考虑了光伏电站在不同天气类型下的波动特性，同时考虑了各天气类型间的转移过程，能够更好地描述实际光伏电站受天气影响的发电出力波动情况。

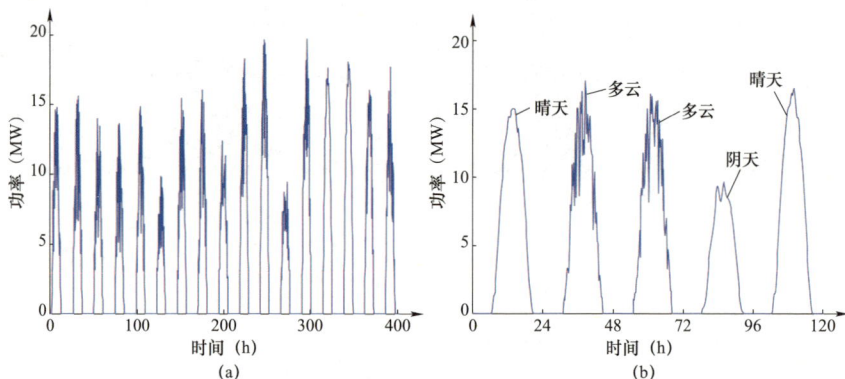

图2-37　光伏发电出力时间序列模拟结果

（a）连续400h；（b）连续5天

2.2.6.3　指标评价与检验

对历史光伏发电出力时间序列和模拟光伏发电出力时间序列的特性进行对比，图2-38为模拟序列与历史序列的PDF对比，图2-39为模拟序列与历史序列的15min、1h最大波动概率对比，图2-40为模拟序列与历史序列的ACF对比。可以看出，模拟光伏发电出力时间序列的概率分布、短时波动特性和自相关系数都与历史序列非常吻合，具有较高的精度。

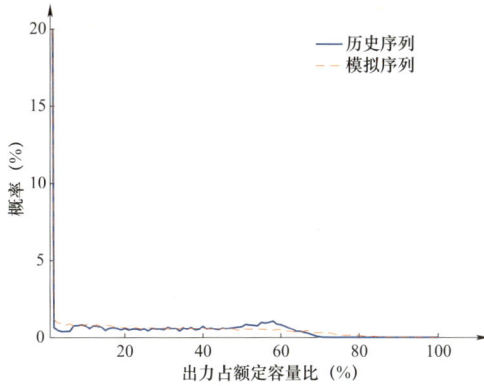

图 2-38　光伏发电出力的 PDF 对比

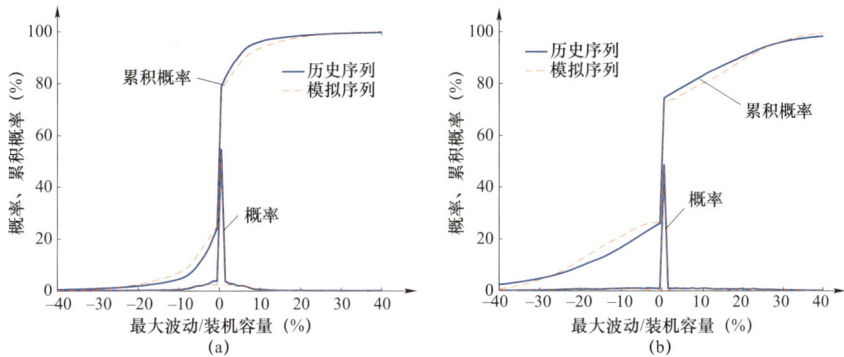

图 2-39　光伏发电出力的 15min 和 1h 最大波动概率对比

（a）15min；（b）1h

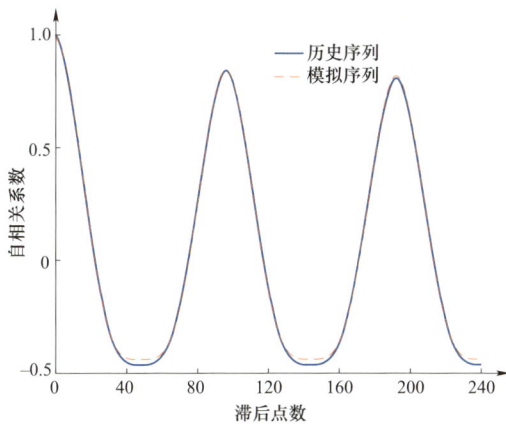

图 2-40　光伏发电出力的 ACF 对比

第 3 章

负荷时间序列建模方法

　　负荷（electric load）是电力系统另一个随时间变化而波动的量。负荷时间序列建模是对月度、年度等长时间尺度负荷序列进行逐时段模拟，是新能源电力系统生产模拟的基础数据。传统的电力系统生产模拟只需对典型日负荷建模，基于日电量预测和典型日负荷曲线构建负荷时序曲线。这种方法虽然实现了时序负荷的建模，但存在若干弊端。首先典型日负荷曲线构建的典型场景种类较少，基于该典型日曲线构建的时序负荷曲线无法体现不同时段负荷的差异性，无法涵盖所有负荷场景以及充分考虑负荷的随机性。其次，应用于生产模拟的典型日方法未考虑负荷峰谷差随机变化规律，典型日的峰谷差不能根据需求自适应调整，难以适应新能源电力系统生产模拟的需求。最后，基于日电量预测的典型日负荷建模方法仅能给出一条负荷时序曲线，未考虑负荷的不确定性，降低了生产模拟结果的准确性。

　　本章提出了一种应用于新能源电力系统时序生产模拟的负荷时间序列建模方法。该方法在深入分析大量负荷数据的基础上，挖掘负荷特性指标，采用聚类和随机抽样方法构建年/月负荷时间序列，从而满足新能源电力系统生产模拟的需求。

3.1　负荷的影响因素及分类

　　用电设备消耗的电功率总和即电力负荷（简称"负荷"）。负荷包括异步电动机、同步电动机、各类电弧炉、整流装置、电解装置、制冷制热设备、电子仪器和照明设施等。它们分属于工业负荷、农业负荷、交通运输业负荷和人民生活用电负荷等。

3.1.1　影响负荷的因素

电力系统的负荷涉及广大地区的各类用户,每个用户的用电情况不同,且事先无法确知在什么时间、什么地点、增加哪一类负荷。因此,电力系统的负荷变化具有随机性。经过长期的数据和经验积累,研究发现具有随机性的电力负荷变化也具有一定的规律性,影响其变化的主要因素包括长期影响因素和短期影响因素。

从长期影响来看,主要包括:

(1)经济发展水平及经济结构调整的影响。

(2)收入水平、生活水平提高和消费观念变化的影响。

(3)电力消费结构变化的影响。

(4)电力供给侧(包括电力短缺状况、电网建设与配电网改造等)的影响。

(5)政策因素的影响。

从短期影响来看,主要包括:

(1)气温气候的影响。

(2)工作日和节假日的影响。

(3)电价(包括分时电价、可中断电价等)的影响。

(4)需求侧管理措施(包括移峰填谷、蓄能设备等)的影响。

在影响负荷特性的诸多因素中,经济发展水平及经济结构调整、用电结构变化、电价、生活水平改变等因素的影响程度较大,而且带有全局性,是长期负荷预测需要考虑的因素;工作日和节假日对日负荷水平的影响非常大,是生产模拟过程中需要重点考虑的因素;气温气候主要影响空调负荷比重较大和经济发达的地区,当气候异常时,负荷变化较大;需求侧管理、拉闸限电和城农网改造的影响相对较小。

在我国政府财政补助和优先并网政策的激励下,以光伏发电为主的分布式电源快速发展,其对低压配网的净负荷用电曲线产生较大的影响,传统用户侧无电源的管理模式下，负荷曲线形状将发生重大变化。从当前省级电网实际运行情况来看，考虑分布式光伏发电的等效用电负荷上午的早峰和中午的平峰将会变成低谷，晚峰用电负荷基本保持不变，将造成巨大的爬坡容量需求和低谷时段光伏发电限电的风险。随着分布式光伏发电装机容量的持续增加，将导致等效负荷曲线形状变成典型的"鸭型曲线"，如图3-1所示。

由于新能源出力的波动性，本书后文中所述新能源电力系统生产模拟方法，将分布式电源作为一种电源，采用第2章的方法进行时间序列建模。因此，分布式电源大规模并网不会影响本章负荷的分析方法。

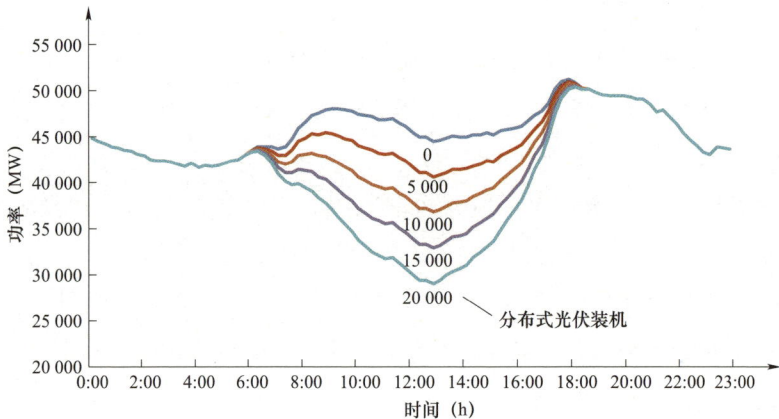

图3-1　考虑分布式光伏发电后的等效负荷曲线

3.1.2　负荷分类

3.1.2.1　按可靠性分类

负荷应根据对供电可靠性的要求及中断供电在政治、经济上所造成损失或影响的程度进行分级。依据《供配电系统设计规范》（GB 50052—2009），电力负荷分为一级、二级、三级负荷。

（1）一级负荷。符合下列情况之一时，应为一级负荷：

1）中断供电将造成人身伤亡。

2）中断供电将在政治、经济上造成重大损失。如重大设备损坏、重大产品报废、用重要原料生产的产品大量报废、国民经济中重点企业的连续生产过程被打乱且需要长时间才能恢复等。

3）中断供电将影响有重大政治、经济意义的用电单位的正常工作。如重要交通枢纽、重要通信枢纽、重要宾馆、大型体育场馆、经常用于国际活动的大量人员集中的公共场所等用电单位中的重要电力负荷。

在一级负荷中，当中断供电将发生中毒、爆炸和火灾等情况的负荷，以及特别重要场所的不允许中断供电的负荷，应视为特别重要的负荷。对一级负荷一律应由两个独立电源供电。

（2）二级负荷。符合下列情况之一时，应为二级负荷：

1）中断供电将在政治、经济上造成较大损失。如主要设备损坏、大量产品报废、连续生产过程被打乱且需较长时间才能恢复、重点企业大量减产等。

2）中断供电将影响重要用电单位的正常工作。如交通枢纽、通信枢纽等用电单位中的重要电力负荷，以及中断供电将造成大型影剧院、大型商场等较多人员集中的重要公共场所秩序混乱。

对该类负荷供电的中断，将造成工农业大量减产、工矿交通运输停顿、生产率下降以及人民正常生活和业务活动遭受重大影响等。一般大型工厂企业、科研院校等都属于二级负荷。

（3）三级负荷。不属于上述一级、二级负荷的其他电力负荷，如附属企业、附属车间和某些非生产性场所中不特别重要的电力负荷等，为三级负荷。

3.1.2.2　按工作制分类

按照工作制，也可将电力负荷分为连续工作制、短时工作制、反复短时工作制三类负荷。

（1）连续工作制负荷。连续工作制负荷是指长时间连续工作的用电设备，其特点是负荷比较稳定，连续工作发热使其达到热平衡状态，其温度达到稳定温度，用电设备大都属于这类设备。如泵类、通风机、压缩机、电炉、运输设备、照明设备等。

（2）短时工作制负荷。短时工作制负荷是指工作时间短、停歇时间长的用电设备。其运行特点为工作时其温度达不到稳定温度，停歇时其温度降到环境温度，此负荷在用电设备中所占比例很小。如机床的横梁升降、刀架快速移动电动机、闸门电动机等。

（3）反复短时工作制负荷。反复短时工作制负荷是指时而工作、时而停歇、反复运行的设备，其运行特点为工作时温度达不到稳定温度，停歇时也达不到环境温度。如起重机、电梯、电焊机等。

3.1.2.3　按特征分类

根据电力用户的不同负荷特征，负荷还可分为工业负荷、农业负荷、交通运输业负荷和人民生活用电负荷等。

3.2　负 荷 特 性 及 指 标

3.2.1　负荷曲线

负荷曲线是电力系统中各类电力负荷随时间变化的曲线，如图 3-2 所示，电力系统内各机组带负荷位置、系统调峰容量是否足够以及互联系统错峰效益的大小等，都取决于日负荷曲线的形状。一般来说，负荷曲线分为三类：负荷分布曲线、持续负荷曲线与电量累积曲线。负荷分布曲线的典型代表为日负荷曲线与年负荷曲线，日负荷曲线标示一天内每个时刻的

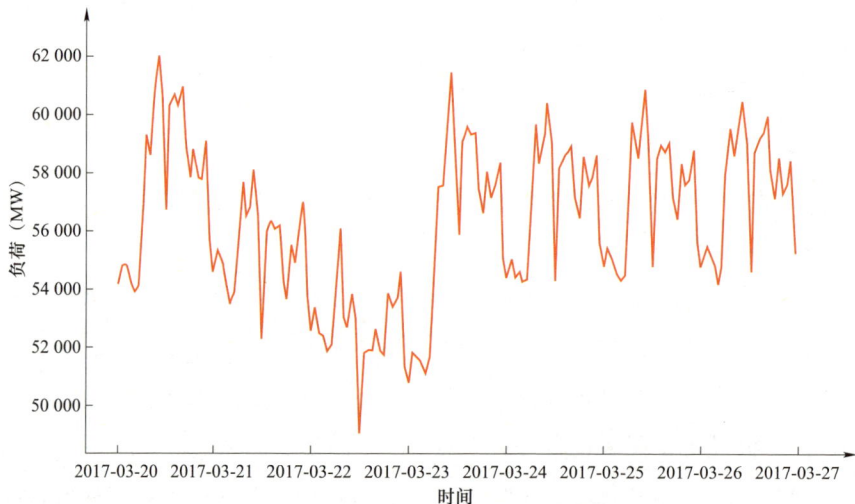

图 3-2　2017 年 3 月华东某省一周日负荷曲线

负荷值，即反映一天内负荷动态，而年负荷曲线标示出年内每月的最高负荷值，通过年负荷曲线可观察一年内各月负荷动态；负荷持续曲线主要指年持续负荷曲线，其根据一年 8760 h 的负荷累积持续时间排列而成；电量累积曲线用于反映负荷与电量间的关系。

3.2.2　负荷特性

不管是哪种类型的负荷，用电都具有很强的时间规律性和重复性，最终负荷曲线表现出很明显的周期性和规律性。图 3-3 给出了华东地区某省级电网全年负荷各日变化曲线，从图中可以看出负荷呈现出很强的日波动特性、周波动特性以及季节特性。

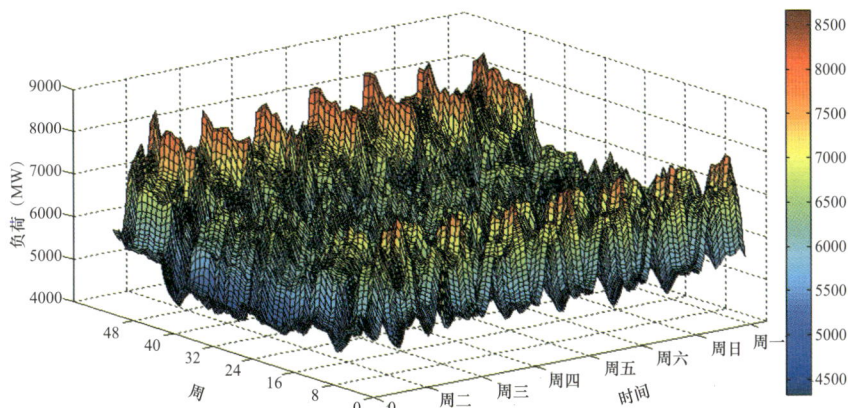

图 3-3　全年负荷变化三维图

图 3-4 为周负荷曲线，从该曲线上可以看出，负荷变化呈现较强的规律性，趋势上呈现周期性的变化。全周各日均呈现夜间低谷，白天高峰的特征，且低谷和高峰发生的时间基本不变。

3.2.3　负荷指标

与电力系统的暂态仿真负荷模型不同，新能源电力系统生产模拟将负荷看作时序变化的连续用电需求，以时间序列数据描述其变化特性。负荷特性指标的种类很多，国内也尚未建立统一规范的负荷指标体系。结合电网运行实际需求，将负荷特性指标按时间段分为日负荷特性指标、月度负荷特性指标及年度负荷特性指标，下面对各项负荷特性指标的含义进行解释。

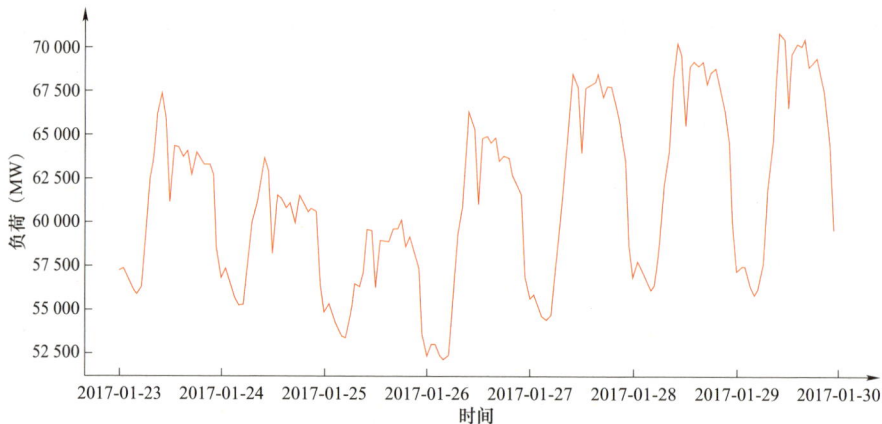

图 3-4　周负荷曲线

3.2.3.1　日负荷特性指标

一般地，为了代表季节负荷的普遍特点，我国电力系统以夏季典型日负荷曲线和冬季典型日负荷曲线为基础开展电力规划和运行分析。选取日负荷率与 7 月平均日负荷率最接近，且负荷曲线无异常畸变的日负荷曲线作为夏季典型日负荷曲线；选取日负荷率与 12 月平均日负荷率最接近，且负荷曲线无异常畸变的日负荷曲线作为冬季典型日负荷曲线。

日负荷主要有以下特性指标：

（1）日最大负荷。某日内记录的负荷中，数值最大的一个。

（2）日峰谷差。日峰谷差是最大负荷与最小负荷之差，峰谷差的大小直接反映了电网所需要的调峰能力。

（3）日峰谷差率。日峰谷差与当日最大负荷的比率。峰谷差和峰谷差率主要用于调峰措施及电源规划的研究。

（4）日负荷率。日平均负荷与当日最大负荷的比率。日负荷率用于描述日负荷曲线特性，表征一天中的不均衡性，较高的负荷率有利于电力系统的经济运行。日负荷率的数值大小，与用户的性质、类别、组成、生产班次及系统内工业用电、农业用电、生活用电等所占的比重有关，还与调整负荷措施有关。不同电力系统及不同电力用户的负荷曲线可能不同，因而有不同的日负荷率值。而且，随着电力系统的发展，用户构成、用电方式等特点可能会发生变化，各类用户所占的比重也可能有所变化，从而使日负荷率的值产生变化。

（5）最小负荷率。逐点负荷与当日最大负荷比率的最小值。最小负荷率是全天负荷的最低点，在新能源大规模并网的电网中往往是调峰的瓶颈点。

3.2.3.2 月度负荷特性指标

月度负荷主要有以下特性指标：

（1）月最大负荷。某月内记录的负荷中，数值最大的一个。月最大负荷是某月最大用电负荷的表征值。

（2）月最大日峰谷差率。某月内所有日峰谷差率中的最大值。月最大日峰谷差率是某月内日峰谷差率最大那天负荷差异的表征，是日峰谷差率在某月内的极端值，由于一年内经济变化幅度不会太大，因此某年内月负荷特性的变化主要反映了一年内气温气候变化的影响。将历年每月的最大负荷及月最大日峰谷差率进行比较，某种程度上是年最大负荷比较的细化。

（3）月平均日负荷率。某月内所有日负荷率的平均值。月平均日负荷率反映的是本月负荷率的平均情况，是对本月负荷起伏特性的整体描述；而日负荷率差异是由用电部门在月、周内的停工休息、设备小修、生产作业顺序等的不均衡性所引起的，月平均日负荷率在很大程度反映了负荷周期调整的影响。

（4）月负荷率。某月内平均负荷与最大负荷的比率。

3.2.3.3 年度负荷特性指标

年度负荷主要有以下特性指标：

（1）年最大负荷。某年内记录的负荷中，数值最大的一个。年最大负荷是某年最大用电负荷的表征值，它不仅与经济发展联系紧密，也与最大负荷发生时段的气温气候、需求侧管理实施情况等因素关系紧密。比较逐年最大负荷，对于把握经济发展、气温气候及电力政策的实施等因素的影响有着重要意义。

（2）年最大负荷利用小时数（T_{max}）。年内发（供、用）电量与年（供、用）电最大负荷的比率，年最大负荷利用小时数＝年发（供、用）电量/年发（供、用）电最高负荷。年最大负荷利用小时数与负荷类型相关。根据电力系统的运行经验，各类负荷年最大负荷利用小时数大体有一个范围，在设计电网时，用户的负荷曲线往往是未知的，如果知道用户的性质，就可以选择适当的年最大负荷利用小时数，近似地估算出用户的全年耗电量。

（3）年最大峰谷差率。某年内日峰谷差率最大那天的峰谷差率。年最大峰谷差率是某年内日峰谷差率最大那天负荷差异的表征，是日峰谷差率在某年内的极端值，通过对比历年最大峰谷差率数据，分析负荷变化是否平稳，考虑当日气温气候，可对历年移峰填谷政策的实施效果进行比较。

（4）季节不均衡系数。又称季节负荷率，全年各月最大负荷的平均值与年最大负荷的比值。季不均衡系数是对某年各月最大负荷波动特性的描述，与年负荷曲线的形状、年最大负荷出现的时间有关，影响年负荷曲线形状及年最大负荷出现时间的主要因素是负荷的季节变化、用电设备的大修及负荷在年内的增长，分析季不均衡系数对研究不同季节里各行业的用电情况、气温气候对负荷的影响情况等方面有着重要意义。

以某省级电网为例，年最大负荷为 8657MW，出现在 12 月 17 日；年最大峰谷差率为 36.48%，出现在 10 月 4 日；年最大负荷利用小时数为 6215h，季不均衡系数为 86.9%。图 3−5 为全年各日最大负荷、日峰谷差率以及日负荷率变化曲线。从图中可以看出，冬季和春季日最大负荷整体高于夏季和秋季，日负荷率变化趋势与日峰谷差率的变化趋势相反。全年日峰谷差率变化平缓，在 20%～40% 范围内波动，冬季供暖期日峰谷差率绝大部分在 30% 以上，其他月份日峰谷差率低于 30%。

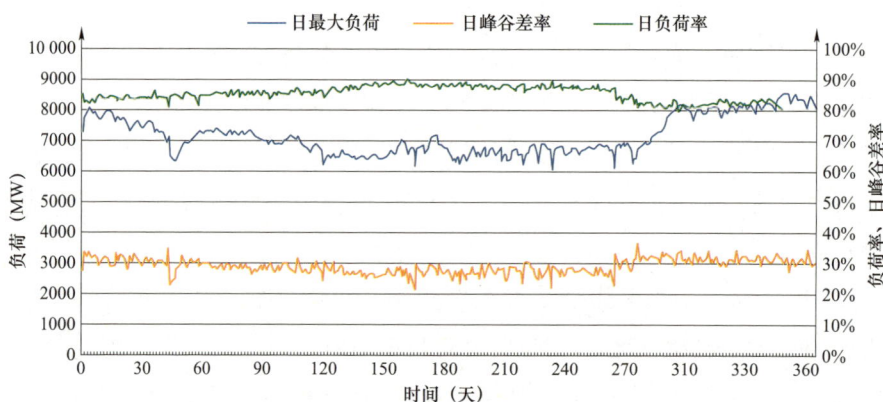

图 3−5　全年各日最大负荷、日峰谷差率以及日负荷率变化曲线

图 3-6 给出了该省各月最大负荷、月最大日峰谷差率、月平均日负荷率以及月负荷率的变化曲线。从图中可以看出，全年各月最大日峰谷差率在 30%~40% 范围内波动，由于冬季为供暖期，10~12 月份和 1、2 月份的月最大负荷及月最大日峰谷差率较其他月份大，且 10~12 月份的月平均日负荷率较其他月份略低。

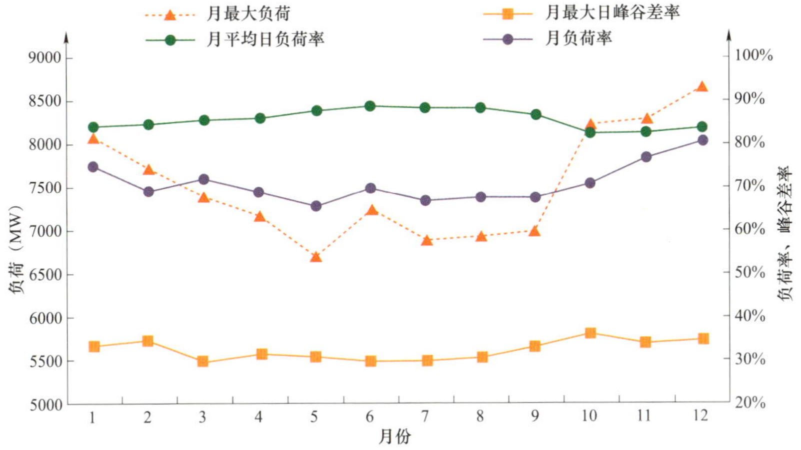

图 3-6　各月最大负荷、月最大日峰谷差率、月平均日负荷率以及月负荷率

3.3　负荷时间序列建模流程

负荷时间序列是指将各发电厂、供电地区或电力系统所承担的有功负荷按时间顺序记录，并绘制成曲线图形，它是电力系统生产模拟的重要输入数据。负荷时间序列建模以日负荷为基础，用建模技术，通过逐日时间序列拼接，形成年度/月度完整的负荷时间序列。

3.3.1　典型日负荷选取方法

典型日负荷通常采用聚类的方法或者基于实际运行经验确定，为了简便，典型日负荷也可以直接选取全年中某一天的负荷。

3.3.1.1　传统方法

目前最常用的典型日负荷曲线是夏季典型日负荷曲线和冬季典型日负荷曲线。根据实际运行经验，例如选取 7 月 28 日和 12 月 18 日负荷曲线分别作为夏季和冬季的典型日负荷曲线，如图 3-7 所示。该省冬季典型日负荷整体高于夏季典型日负荷。冬季典型日的最大负荷出现在 17:30，且在 6:30、10:30、13:30 分别还有局部峰值，夏季典型日的最大负荷出现在 11:00，且在 6:00、7:00、17:00、20:00 分别还有局部峰值。

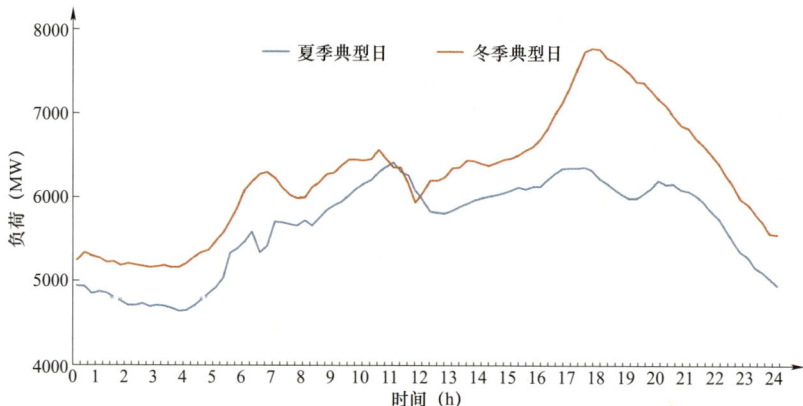

图 3-7 夏季和冬季典型日负荷曲线

传统方法选取的夏季典型日负荷曲线和冬季典型日负荷曲线，能够满足电力生产过程中的大方式和小方式计算的需要，但仅靠典型日负荷曲线无法充分反映负荷的时序特点以及季节变化等特点。

另一种传统典型日负荷选取方法是基于社会生产的周期性确定典型日负荷曲线，即工作日典型负荷曲线和休息日典型负荷曲线，其中，工作日典型负荷曲线又进一步划分为周一至周五典型负荷曲线，休息日典型负荷曲线划分为周六、周日负荷曲线。图 3-8 为全年各周工作日（周一至周五）和休息日（周六、周日）的日平均负荷曲线。从图中可以看出，各日的平均负荷变化趋势基本保持一致，仅负荷大小有所区别。此种典型日负荷选取方法的优点在于能够反映社会生产的周期性。

3.3.1.2 SOM 神经网络聚类方法

基于 SOM 神经网络聚类方法快速对日负荷曲线进行聚类，可筛选出典型日负荷。这种选取典型日负荷的方法相比于传统的方法更加科学合理，能够挖掘出负荷时间序列的内在变化规律，保证典型日负荷选取得有代表性和针对性。

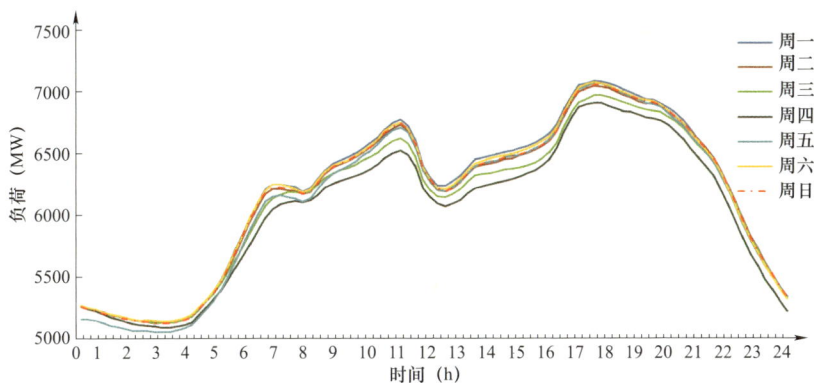

图 3-8   全年平均日负荷曲线

图 3-9 为一年负荷 SOM 神经网络聚类后获得的 4 种典型负荷。从图中可以看出，每一类负荷曲线形状基本接近，聚类后的 4 种负荷曲线形状略有区别（红色点连线为聚类后的典型负荷，其他为输入的日负荷曲线）。

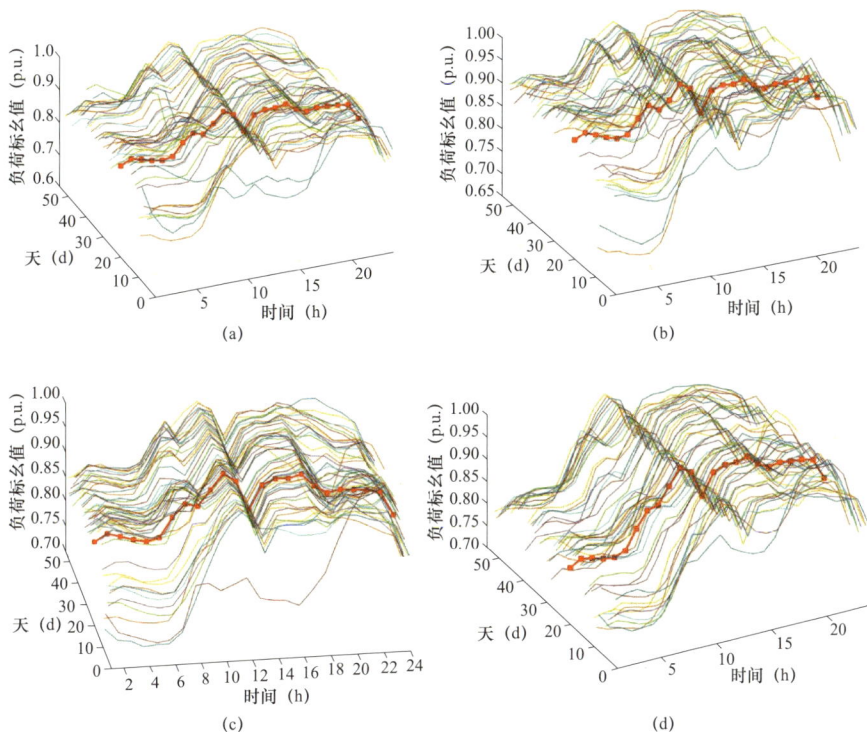

图 3-9   SOM 神经网络聚类后的典型负荷

（a）聚类 1；（b）聚类 2；（c）聚类 3；（d）聚类 4

3.3.2 基于 SOM 神经网络聚类的负荷时间序列建模

通过 SOM 神经网络聚类方法获得典型日负荷，基于此典型负荷及其发生概率，结合峰谷差和负荷率等特性指标，采用蒙特卡洛模拟法生成全年负荷序列，建模流程如图 3－10 所示。

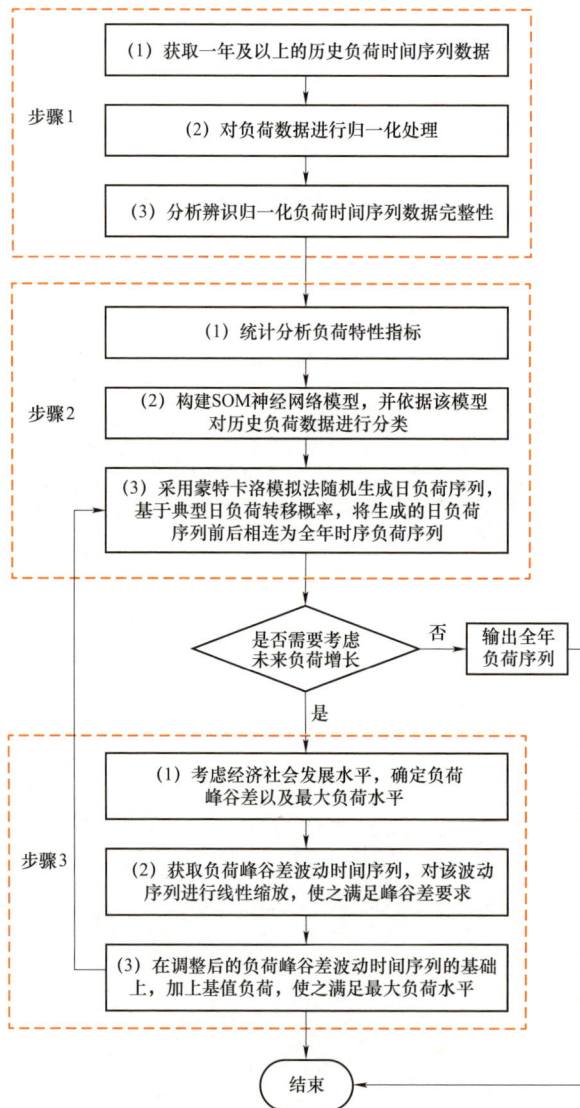

```
步骤1
  (1) 获取一年及以上的历史负荷时间序列数据
  (2) 对负荷数据进行归一化处理
  (3) 分析辨识归一化负荷时间序列数据完整性

步骤2
  (1) 统计分析负荷特性指标
  (2) 构建SOM神经网络模型，并依据该模型
      对历史负荷数据进行分类
  (3) 采用蒙特卡洛模拟法随机生成日负荷序列，
      基于典型日负荷转移概率，将生成的日负荷
      序列前后相连为全年时序负荷序列

  是否需要考虑          否 → 输出全年
  未来负荷增长                负荷序列
        是

步骤3
  (1) 考虑经济社会发展水平，确定负荷
      峰谷差以及最大负荷水平
  (2) 获取负荷峰谷差波动时间序列，对该波动
      序列进行线性缩放，使之满足峰谷差要求
  (3) 在调整后的负荷峰谷差波动时间序列的基础
      上，加上基值负荷，使之满足最大负荷水平

  结束
```

图 3－10 基于 SOM 神经网络分类的时序负荷建模流程

步骤1：获取历史负荷时间序列数据并对数据进行预处理。

（1）获取一年及以上的历史负荷时间序列数据，并根据研究需求，确定数据时间分辨率，一般选择时间分辨率为1h或者15min。

（2）获得日最大负荷，并以日最大负荷为基值对负荷进行归一化处理，得到全年归一化负荷时间序列。

（3）采用自相关特性、自回归滑动平均等方法分析辨识归一化负荷时间序列数据完整性，包括分析数据遗漏情况，是否存在不符合自相关特性的坏数据，并剔除各时间段内的坏数据，恢复遗漏数据。

步骤2：统计分析负荷特性，并基于SOM神经网络对日负荷分类。

（1）统计分析修复后的负荷时间序列的日峰谷差、日负荷率、日最大负荷分布以及日最大负荷出现时间的概率分布等指标。其中，日最大负荷出现时间为每日最大负荷出现的时刻，其概率分布可用于后续建模。

（2）基于日负荷序列，日负荷峰谷差、日负荷率和最大负荷时间概率分布构建SOM神经网络聚类模型，并依据该模型对历史负荷数据进行分类，获得不同的负荷模式，将隶属于同一个负荷模式的日负荷序列进行求和取平均获得聚类中心，该聚类中心即为典型日负荷（负荷模式）。计算每类典型日负荷的峰谷差、日负荷率、原始负荷与所属典型日负荷偏差分布以及典型日负荷占比（典型日负荷序列数与总日负荷数的比例），同时计算各类典型日负荷转移概率。

（3）针对每类典型日负荷，考虑原始负荷与所属典型日负荷偏差分布采用蒙特卡洛模拟法随机生成日负荷序列，使得生成的日负荷序列满足原始负荷序列峰谷差、日负荷率以及最大负荷时间概率分布。结合日电量约束或者日最大负荷，将典型日负荷归一化序列转化为典型日负荷实际值，基于典型日负荷转移概率，将生成的日负荷序列前后相连为全年时序负荷序列。

步骤3：考虑经济社会的发展，规划水平年下负荷水平将有所变化，这种变化主要体现在峰谷差、总负荷电量以及日最大负荷等方面，故基于指定的负荷峰谷差、总负荷电量以及日最大负荷，可对典型日负荷进行修正，模拟负荷增长变化，满足新能源电力系统时序生产模拟的需求。

（1）考虑经济社会发展水平，确定负荷峰谷差以及最大负荷水平。

（2）获取典型日负荷的最小值,然后求取日负荷序列与最小值的差值,得到的差值作为负荷峰谷差波动时间序列,对该波动序列进行线性缩放,使之满足指定的负荷最大峰谷差要求。

（3）在调整后的负荷峰谷差波动时间序列的基础上,加上基值负荷,使之满足最大负荷水平,然后转到步骤2的（3）,生成修正后的全年时序负荷序列。

3.4 实 例 分 析

采用我国某电网 2015～2016 年负荷时间序列数据作为样本进行实例分析,其中 2015 年负荷为输入数据,用于模拟生成一年的负荷时间序列,2016 年负荷数据为测试数据,用于检验所生成负荷时间序列结果的合理性和有效性,数据时间分辨率为 60min,采用基于 SOM 神经网络聚类的负荷序列建模生成全年时间序列负荷。

首先对历史数据进行归一化处理,以日为分段间隔,获取各日最大负荷值,以该最大值为基值对负荷样本数据进行归一化处理,并分析原始负荷变化特性。正常情况下负荷变化相对平稳,若前后时段差值较大,意味着负荷出现很大的突变,可初步判断原始负荷数据存在异常数据,需要对数据进行修复,如图 3－11 所示。采用自回归滑动平均模型对数据进行修复,修复后数据如图 3－12 所示,从图中可知负荷变化相对平稳。

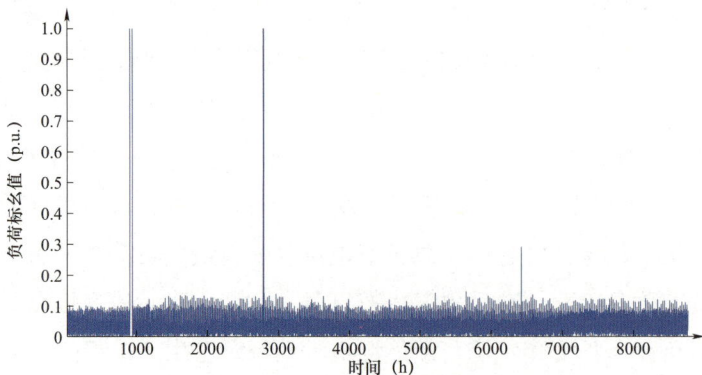

图 3－11　原始负荷数据前后时段差值

图 3−12　负荷序列修复后前后时段差值序列

　　负荷数据修复后，统计其峰谷差和负荷率如图 3−13 和图 3−14 所示，依据峰谷差、负荷率和最大负荷构建 SOM 神经网络模型，进而对样本日负荷数据进行分类，最终将负荷分为四种负荷模式。

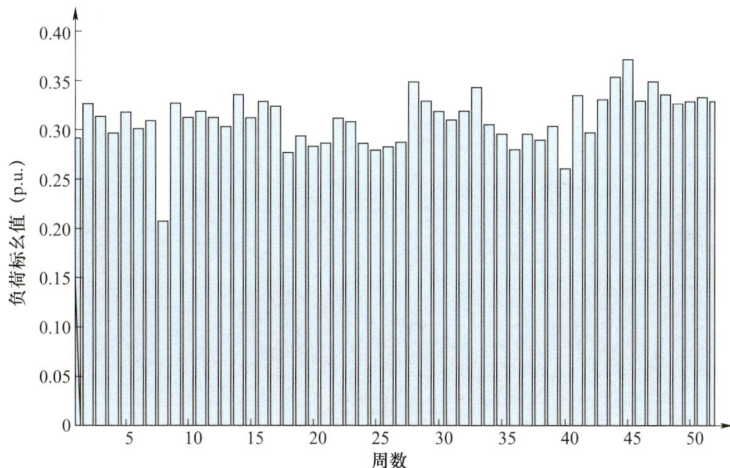

图 3−13　负荷逐周平均日峰谷差

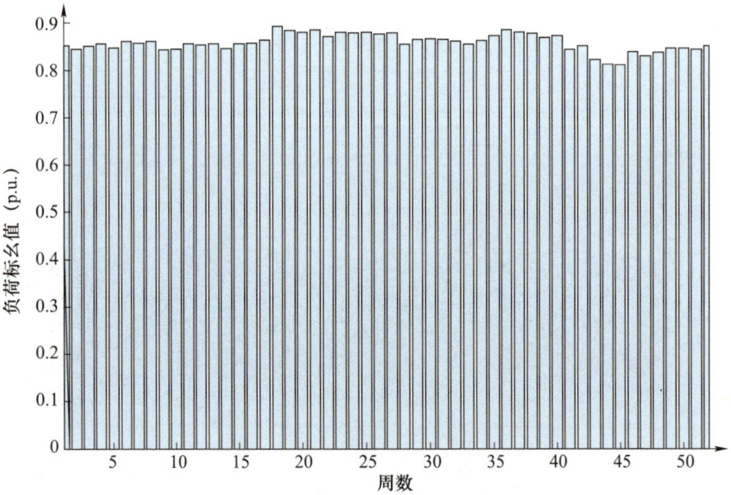

图 3-14 负荷逐周平均口负荷率

针对每类典型日负荷，考虑原始负荷与所属典型日负荷偏差分布采用蒙特卡洛模拟法随机生成日负荷序列，使得生成的日负荷序列满足原始负荷序列峰谷差、日负荷率以及最大负荷时间概率分布。结合日最大负荷，将典型日负荷标幺值序列转化为典型日负荷实际值，基于典型日负荷转移概率，将生成的日负荷序列前后相连为全年时序负荷序列，如图 3-15 所示。

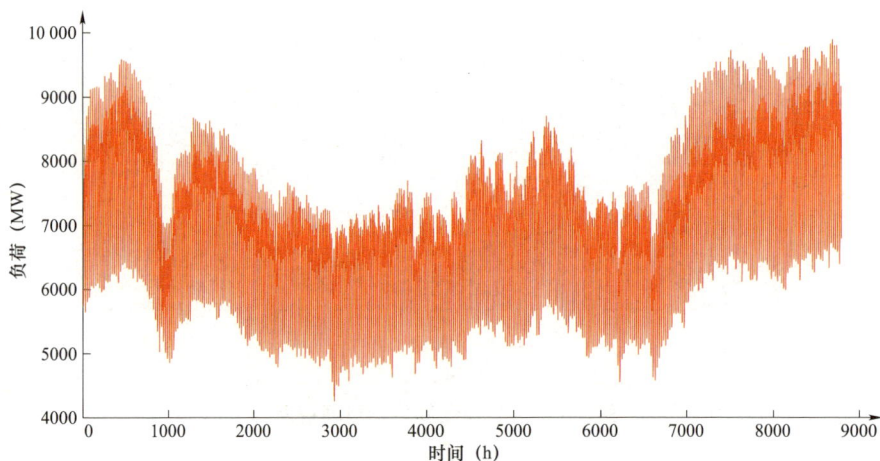

图 3-15 生成的年负荷序列

以 2015 年负荷为输入数据，生成的年负荷和 2016 年实际负荷持续曲线、负荷率和峰谷差如图 3-16~图 3-18 所示。通过建模生成的负荷与实际负荷相比，两者的持续曲线相差不大；在负荷率和峰谷差方面，部分区段建模负荷和实际负荷相差较大，但总体差异较小，生成的负荷特性满足负荷峰谷差、负荷率以及相关特性分布的要求，验证了所提负荷建模方法的有效性。

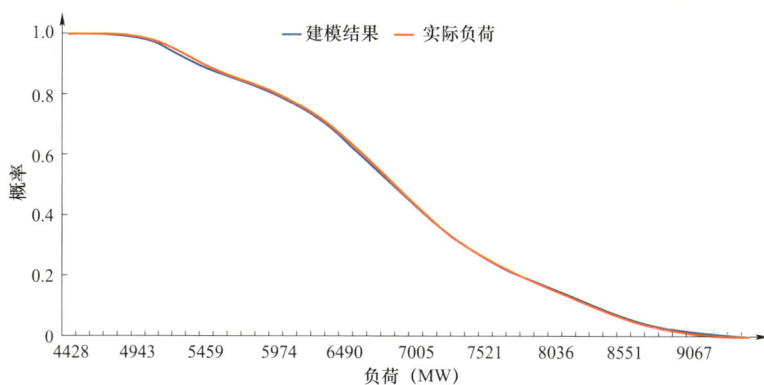

图 3-16　建模结果和实际负荷的持续曲线对比

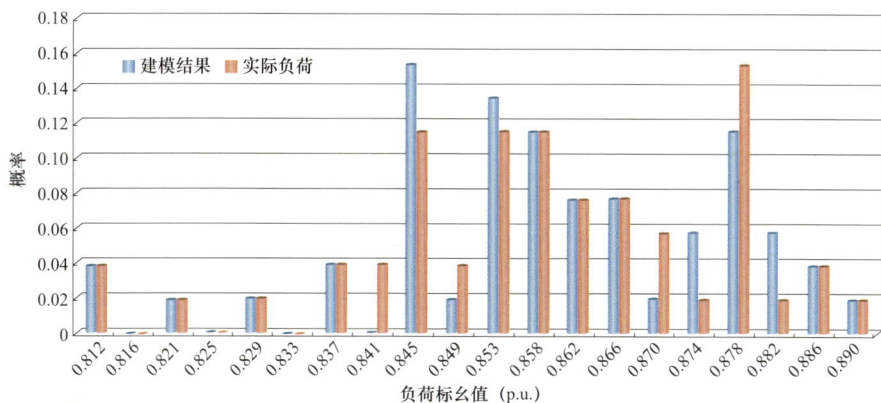

图 3-17　建模负荷和实际负荷的负荷率对比

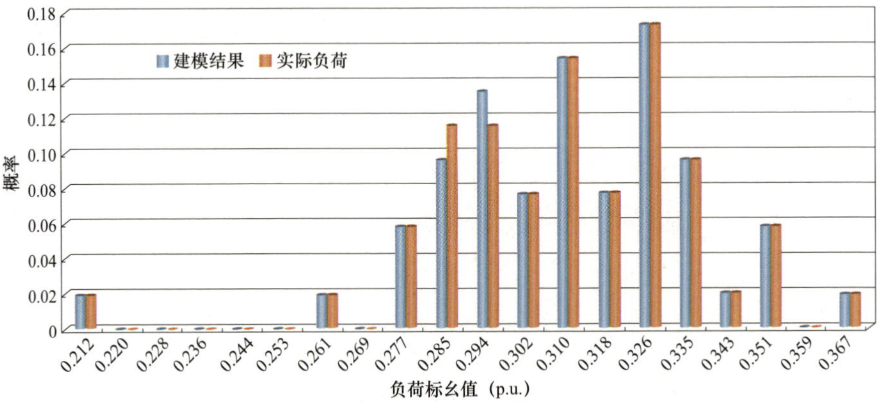

图 3-18 建模负荷和实际负荷的峰谷差对比

相比于传统的基于经验的典型日负荷场景分类方法，基于 SOM 神经网络聚类来分类的时间序列负荷建模方法能够基于原始负荷特性，自动识别、分类负荷，建模方法更具有科学性和合理性。

第 4 章

新能源电力系统时序生产模拟

电力系统时序生产模拟是研究含波动性新能源电力平衡的重要技术手段，是指在一定的负荷条件下，将系统负荷与机组发电出力之间的平衡关系看作产品与需求间的供需平衡关系，进而模拟各发电机组的运行状况，并计算发电系统生产费用的一种时序仿真方法。随着新能源比重的增加，电力系统将逐渐发展成为以新能源为主导的电力系统，考虑新能源发电出力的波动性，时序生产模拟方法在新能源电力系统的研究中显得越来越重要。

4.1　时序生产模拟方法

4.1.1　基本原理

时序生产模拟方法在国内外被广泛应用于电力系统规划、电力电量平衡计算和发电生产计划安排，其中短时间尺度的生产模拟时间长度一般为几个小时到几十个小时[1]不等，可以优化系统运行方式，提高新能源消纳能力，为调度部门提供合理的发电计划；长时间尺度的生产模拟时间长度可以是数月或数年，可以模拟不同的装机规模、电网结构等条件下新能源生产情况，为新能源产业发展规划及电网建设规划提供参考依据。

新能源电力系统时序生产模拟是在实现全年或全月新能源消纳最大的前提下，计算常规机组和新能源机组的发电计划。由于常规机组的运行特性及其机组组合特性等会影响最终的新能源消纳能力，因此新能源时序生

---

[1] 几个小时至几十个小时是电力系统运行方式制订的周期，可为调度部门制订发电计划提供依据。

产模拟必须要充分考虑电力系统中以火电、水电机组为代表的各类常规机组的技术特性，包括启停机特性、爬坡特性与最小发电出力特性等；还需要考虑某些类型机组的特殊特性，如热电联产机组的热电耦合特性、抽水蓄能机组的抽、放水特性等；另外，还需要考虑机组检修计划、电网联络线的交换计划等信息。因此，新能源电力系统时序生产模拟以新能源消纳能力最大为目标，综合考虑系统平衡约束、电网安全约束、备用约束、机组电量约束和运行约束、联络线交换计划、检修计划、新能源功率约束、系统负荷、网络拓扑、机组发电能力和电厂运行约束等条件，建立数学优化模型。通过优化求解，得到常规机组和新能源的发电出力计划，特别是新能源限电量和限电率。

新能源电力系统时序生产模拟计算的基本步骤如下：

（1）提取电力系统的电网信息，建立电网结构模型。

（2）分析各种电源的运行原理，对电网中的火电、水电、储能、核电等电源运行约束进行数学建模。

（3）基于电网、电源、负荷序列和新能源发电出力时间序列，建立适应于新能源时序生产模拟的电力系统运行方式优化模型。

（4）基于运筹学优化算法，对优化模型进行求解，得到电力系统逐时间断面下的电源发电出力数据，并计算新能源的最大消纳量。

模拟计算的效果如图4−1所示。从图中可以看出，新能源生产模拟方法基于电力系统最基本的实时生产过程，保证每个时间断面各种电源发出

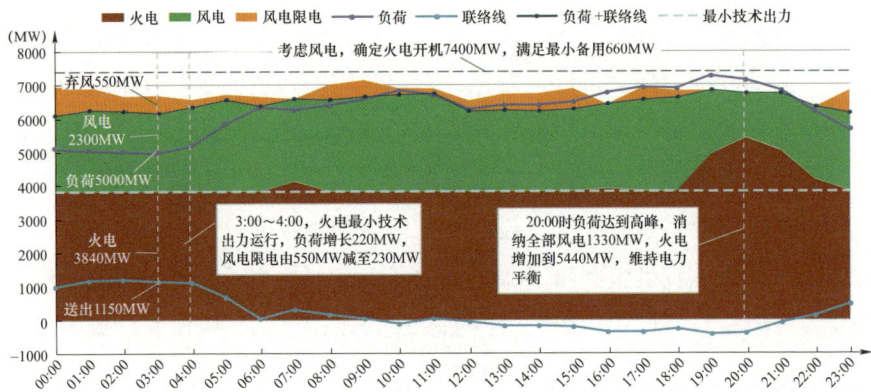

图4−1　电力系统时序生产模拟结果展示图

的电力以及联络线输送电力与负荷需求保持平衡，并将时间断面向前不断推进。由于各时间断面之间具有连续性，时间间隔确定，任何一个时间断面过渡到下一个时间断面时，应满足电力系统运行的各种边界条件，比如，只有运行的机组能够在功率调节范围内提供功率、机组功率由较小的功率增加到较大功率的爬坡限制等。

4.1.2 数学规划问题

运筹学是用定量化方法为管理、决策提供科学依据的一门学科，它把实际系统中有关的管理、决策问题先归结为数学模型，然后用数学方法进行定量分析和比较，从而获得系统最优或满意的运行方案，供管理和决策人员参考。从运筹学的定义中可以看出，运筹学密切结合实际应用，具有明显的跨学科性，它需要从系统的观点出发研究全局性问题，充分应用数学工具，注重对事物的定量化分析。运筹学具有广阔的应用领域，在社会、经济、能源、军事等方面具有广泛的应用。应用运筹学原理解决问题的一般流程通常为：

（1）提出和形成问题。通过搜集相关资料，分析问题的目标和可能的约束，提出问题的可控变量和相关的参数。

（2）建立数学模型。把问题的目标、约束条件、可控变量和参数用一定的数学模型来进行表示。

（3）求解。首先选择或设计求解算法（通常为数学方法），并对算法的可行性进行评估，然后应用求解算法对数学模型进行求解。

（4）解的检验。对所得到的解进行检查和分析，评估其可行性。如果有必要，可以对数学模型或求解算法进行调整，重新进行求解。

（5）解的实施应用。将解在实际中进行应用，并对其在实际应用中可能产生的问题进行分析和修改。

运筹学的主要分支包括规划论、图论、决策论、排队论、存储论、对策论等。本章中主要应用的是规划论，下面就规划论进行重点介绍。

规划论，又称数学规划，是运筹学中一个非常重要的分支，它是在满足给定约束要求下，按一个或多个目标来寻找最优方案的数学方法，包括线性规划、整数规划、非线性规划、目标规划、动态规划等。规划论的适用领域十分广泛，在工业、农业、商业、交通运输业、军事、经济规划和管理决策中都可以发挥作用。数学规划的一个典型应用便是生产计划问题，即用于总体确定生产、存储、分配等计划，以适应波动的需求，并达到节省生产费用的目标，规划论在电力系统规划和运行方面有着重要的应用。

数学规划包括线性规划、整数规划、非线性规划、动态规划、组合规划、随机规划、多目标规划等。线性规划在理论和算法上都比较成熟，具有广泛的应用实践。运筹学中其他分支的一些问题也可以转化为线性规划来进行计算。一般的线性规划的数学标准形式见式（1-1）。

线性规划数学模型具有以下几个特点：

（1）模型中存在一组决策变量，一般决策变量取值是非负并且连续的。

（2）模型中存在一定的约束条件，并且这些约束条件是线性的。

（3）模型具有优化目标，优化目标可以用决策变量的线性函数来表示，优化目标可以是求最小或最大。

需要注意的是，标准形式中的变量具有非负的限制，这主要是由于很多实际的物理变量必须是非负的，当变量没有非负限制时，可以通过引入额外变量进行变量替换来将其转换为标准形式。另外，标准形式中的约束条件是等式约束，当约束条件为不等式约束时，也可以通过变量替换，将不等式约束转换为标准的等式约束形式。

一般来说，线性规划问题的求解结果可能出现以下几种情况：

（1）唯一的最优解，这是线性规划模型最理想的情况。

（2）无穷多最优解，即取得相同最优目标的解有无穷多个。

（3）无界解，即该问题的可行域无界，目标函数值为负无穷大。这种情况通常是由于缺少必要的约束条件造成的。

（4）无可行解，即问题的可行域为空集，不存在可行解和最优解。这种情况通常是由于出现了互相矛盾的约束条件造成的。

经过长期研究，线性规划问题的求解方法已比较完善。线性规划问题最基本的求解方法是单纯形法。针对式（1-1）所描述的线性规划模型，其可行域是一个 n 维向量空间 $\boldsymbol{R}_n$ 中的凸集，其最优值如果存在必在该凸集的某顶点处达到。对于非退化情形的线性规划问题，单纯形法的基本思路即是从可行域的某一个顶点出发,通过不断迭代逐个寻找可行域的顶点,直到找到使目标函数值最优的顶点,即最优解,或者能判断出线性规划问题无最优解为止。为了提高求解速度,又产生了改进单纯形法、对偶单纯形法、原始对偶法、分解算法和各种多项式时间算法等。

在某些具体的优化问题中,由于实际物理因素的限制,往往会要求决策变量必须是整数,如机器的台数、完成工作的人数或运货的车辆数等,要求一部分或全部决策变量取整数值的规划问题被称为整数规划问题。如果规划问题为线性规划,并且仅一部分变量被限制为整数,则称为混合整数线性规划问题。在大多数情况下,电力系统生产模拟优化问题属于混合整数线性规划问题。由于整数约束的本质是一个高度非线性约束,使得传统线性规划最优性条件失去意义,因此混合整数线性规划问题的求解难度要远远高于线性规划问题。混合整数线性规划问题的最基本的解法是分枝定界法和割平面法,其基本原理将在 4.5 节进行详细介绍。

4.2 电 网 建 模

我国的省级电网规模非常庞大,包含上百个变电站,成千上万条母线。实际的发电机组分散在不同母线节点,若不考虑电网的输送能力,则有可能不满足电网的安全约束要求,如某些线路出现过载。电网模型的构建可基于电网实际拓扑结构,对全部设备按照物理连接关系进行建模,如图4-2所示。

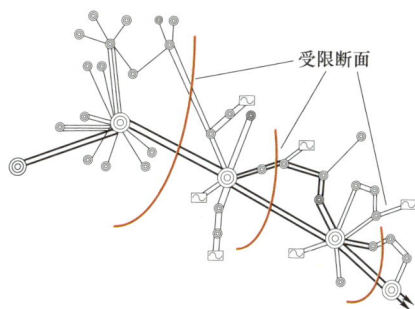

图 4-2 电网地理接线示意图

考虑到电网物理模型过于复杂，且实际运行中，电网结构设计不可能出现很多线路过载的情况，将电网模型进行聚合等值更能适应仿真模拟的实用性要求。电网聚合模型是根据计算分析的目的和要求将复杂的实际电网简化为1个及以上的聚合电网，如图4-3所示。

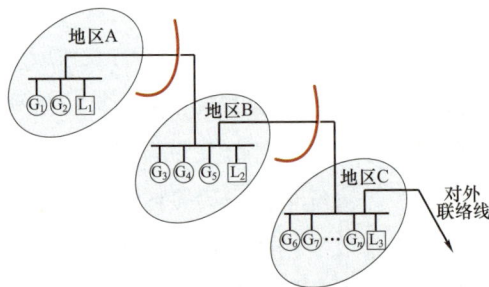

图4-3　电网聚合模型示意

聚合是指两个或多个个体通过某种联系形成聚合体的过程，而参与的个体也可以是聚合体，即聚合可以嵌套。聚合是以追求特定目的，将多个分散的主动体聚集到一起的行为模式。电力系统的聚合既可较好地体现电网能量传输的高效性，同时也可为电网分散布置、集中调度提供较好的解决思路。电网聚合模型建立原则包括：

（1）电网聚合模型建立前后不影响电网的电力电量平衡分析。

（2）电网聚合模型内不考虑详细的电网拓扑结构，各电源和负荷不再受其物理位置的影响。

（3）电网聚合模型应准确描述新能源发电受限线路、主变压器和断面以及常规电源运行受限线路、主变压器和断面。

（4）电网聚合模型是计算目标电网新能源消纳能力的基础，计算目标电网可包含1个及以上聚合电网。

（5）多个聚合电网之间的逻辑关系应与实际电网运行相符合。

（6）聚合电网内包含多个新能源电站时宜合并为新能源总发电出力，风电和光伏发电宜分别合并。

（7）聚合电网内的负荷宜合并为总负荷。

（8）电网聚合模型中各受限线路、主变压器和断面限值一般由电网调度部门给定。

对于新能源汇集点来说，输电断面送出能力成为新能源发电出力受限与否的最直接影响因素之一。可将大规模风电、光伏发电等新能源发电所汇集的变电站或地区当作一个小型聚合电网来考虑，分成多个区域进行研究。除了本地区的负荷和常规电源调峰能力，其他地区电力送入能力、该地区电力送出能力以及电网中其他关键断面的稳定限制等也是电网建模时需要考虑的影响因素，由此可以计算电网约束下该地区能够消纳新能源发电的空间。当该地区新能源理论发电功率超过该消纳空间时，需要对新能源发电出力进行限制。

4.3　电　源　建　模

4.3.1　火电机组模型

火力发电厂是电力系统有功电源的一个重要组成部分。火电机组的调峰特性，对新能源消纳至关重要，因此，在进行时序生产模拟时，需重点考虑不同类型火电机组的发电出力特性，特别是供热机组在供暖期可调发电出力的变化。火力发电机组分为专门发电的凝汽式火电机组及兼顾供热的背压式和抽汽式火电机组。凝汽式火电机组不供应热负荷，其发电出力在最小技术发电出力和额定发电出力之间调整；兼顾供热的火电机组首先保障供热，为提高燃料利用率从锅炉向汽轮机输送一定量的蒸汽，即发出与供热量相对应的有功功率。

4.3.1.1　凝汽式火电机组

凝汽式火电机组不供热，因此其发电出力与供热没有关系，可表示为图4-4所示的关系曲线。凝汽式火电机组效率和燃料消耗的关系为：若机组的效率为 f，则 1GJ 的煤就产生出 f GJ 的电（3 600 000J 相当于 1kWh 的电能量）。

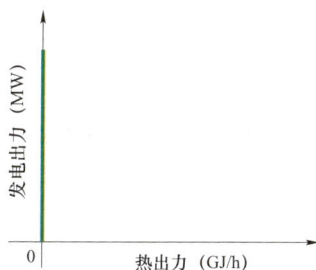

图4-4　凝汽式机组的电和
热出力关系曲线

4.3.1.2 背压式火电机组

背压式火电机组是供热机组的一种，其工作特性如式（4-1）和图 4-5（a）所示

$$P_{i,t} = H_{i,t} C_b \qquad (4-1)$$

式中　$P_{i,t}$——火电机组 i 在 t 时段的发电出力，MW；

　　　　$H_{i,t}$——火电机组的供热出力，GJ；

　　　　C_b——机组的热电系数，MW/GJ。

4.3.1.3 抽汽式火电机组

抽汽式火电机组是另一种供热机组，其工作特性如式（4-2）和图 4-5（b）所示。当热出力固定时，抽汽式火电机组电力出力可以在一定的范围内调整，其调节范围可由参数 C_b 和 C_v 确定

$$\begin{cases} P_{i,t} \geqslant P_{i,\min} + H_{i,t} C_b \\ P_{i,t} \leqslant P_{i,\max} - H_{i,t} C_v \end{cases} \qquad (4-2)$$

式中　$P_{i,\min}$——机组 i 的最小发电出力，MW；

　　　　$P_{i,\max}$——机组 i 的最大发电出力，MW。

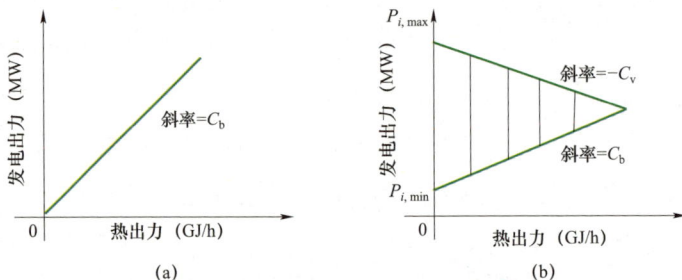

图 4-5　背压式机组和抽汽式机组的电与热出力关系曲线

（a）背压式机组；（b）抽汽式机组

4.3.2　水电机组模型

水电机组具有清洁、低碳、经济、可再生的优点，应予充分利用。同时，有调节库容的水电站可调度性好，承担变动负荷时几乎不会引起什么额外损耗，而且响应速度快。因此，在运行模拟模型中应在保证充分利用其有限能源的前提下，尽可能安排水电站在系统或分区日负荷的尖峰位置

运行，发挥其调节性能好、成本低的特点。一方面充分发挥水电站的电量效益和调峰能力，跟踪风电、光伏发电等新能源机组出力变化，改善电力系统中火电机组运行条件，提高火电机组运行技术经济性；另一方面能够充分利用水电站的容量效益，减少火电机组开机容量，进一步提高火电机组运行技术经济性，进而达到减少系统装机规模，减少系统电源建设投资，实现国民经济整体最佳的目标。

水电站运行与水资源密切相关，可分为不具备调节能力的径流式水电站和具备调节水库的可调节水电站两类。径流式水电站发电功率基本上由河流的流量来决定，承担电力系统日负荷曲线的基本部分；可调节水电站可按库容的大小进行日、周、年或多年调节。其中径流式水电站的机组发电出力类似于风电机组的发电出力，即

$$P_{hl}(t) = S_r T_h \frac{P_{rh}(t)}{\sum\limits_t \left[P_{rh}(t)\Delta T \right]} \qquad (4-3)$$

式中　　$P_{hl}(t)$——径流式水电站机组出力，MW；

　　　　$P_{rh}(t)$——输入的径流式水电站机组出力，MW；

　　　　S_r——径流式水电站机组的装机容量，MW；

　　　　ΔT——输入的数据时间间隔，h；

　　　　T_h——水电机组满负荷运行小时数，h。

可调节水电站具有一定的调节能力，其主要建模难点在于水库模型。受电站规模以及水情管理系统的影响，不同水电站水情数据差异较大，无法建立统一的水电站水库模型。在大量调研的基础上，基于不同水电站水情信息，一般采用两种适用于时序生产模拟的水电站水库模型，即基于出库流量的水库模型和基于综合耗水率的水库模型。对于梯级水电站，还需要考虑梯级水电站运行的实际情况，建立梯级水电站间来水关联关系。

4.3.2.1　基于出库流量的水库模型

该模型在水电站来水序列、水位库容函数等已知的情况下，通过水电机组流量特性曲线（即出力—净水头—发电流量曲线，简称 NHQ 曲线）实现水—电变换，变换过程中考虑水位、库容以及水头的影响。

（1）水电机组功率约束

$$P_h(t) = f_{NHQ}[Q_h(t), H_h(t)] \qquad (4-4)$$

式中 $P_h(t)$——水电机组 t 时段出力，MW；

         f_{NHQ}——水电机组 NHQ 函数；

         $Q_h(t)$——水电机组在 t 时段的发电流量，m^3/s；

         $H_h(t)$——t 时段的发电水头，m。

（2）流量约束

$$0 \leqslant Q_h(t) \leqslant Q_{h,max} \qquad (4-5)$$

$$0 < Q_{h,out}(t) < Q_{h,out,max} \qquad (4-6)$$

$$Q_{h,out}(t) = Q_h(t) + Q_{h,c}(t) \qquad (4-7)$$

式中 $Q_{h,max}$——发电流量最大值，m^3/s；

     $Q_{h,out}(t)$——水电机组在 t 时段的出库流量，m^3/s；

     $Q_{h,out,max}$——出库流量最大值，m^3/s；

     $Q_{h,c}(t)$——t 时段限水流量，m^3/s。

（3）水库库容约束

$$C_h(t) = C_h(t-1) + Q_{h,in}(t) - Q_{h,out}(t) \qquad (4-8)$$

$$C_{h,min}(t) \leqslant C_h(t) \leqslant C_{h,max}(t) \qquad (4-9)$$

式中 $C_h(t)$ ——水库在 t 时段的库容，m^3；

$C_{h,min}(t)$ 和 $C_{h,max}(t)$——水库在 t 时段最小库容限制和最大库容限制，受枯水期、汛前以及汛期水库运行需求的影响，m^3；

       $Q_{h,in}(t)$——水电机组在 t 时段的入库流量，m^3/s。

（4）水库蓄能值约束

$$E_h(t) = E_h(t-1) + f_{NHQ}[Q_{h,in}(t), H_h(t)]\Delta T - f_{NHQ}[Q_{h,out}(t), H_h(t)]\Delta T \qquad (4-10)$$

式中 $E_h(t)$——t 时段下水库蓄能值，MWh。

（5）水头水位关系约束

$$H(t) = f_h[C_h(t)] \qquad (4-11)$$

$$H_{\mathrm{h}}(t) = f_{\mathrm{g}}\big[H(t)\big] \tag{4-12}$$

式中　$H(t)$——时段 t 水位，m^3；

　　　f_{h}——水位库容函数，可根据历史统计数据拟合得到；

　　　f_{g}——水头水位函数。

（6）水电限电量约束

$$
\begin{aligned}
E_{\mathrm{h,c}} &= \sum_{t=1}^{T} f_{NHQ}\big[Q_{\mathrm{h,out}}(t) - Q_{\mathrm{h}}(t), H_{\mathrm{h}}(t)\big]\Delta T \\
&= \sum_{t=1}^{T} f_{NHQ}\big[Q_{\mathrm{h,c}}(t), H_{\mathrm{h}}(t)\big]\Delta T
\end{aligned} \tag{4-13}
$$

式中　$E_{\mathrm{h,c}}$——水电限电量，MWh。

4.3.2.2　基于耗水率的水库模型

该模型在水电站来水序列、水位蓄能函数已知的情况下，通过耗水率实现水—电变换。

（1）来水电量约束

$$E_{\mathrm{h,in}}(t) = \frac{Q_{\mathrm{h,in}}(t)}{f_{\mathrm{c}}\big[H(t)\big]} \tag{4-14}$$

式中　$E_{\mathrm{h,in}}(t)$——水库在 t 时段的来水电量，MWh；

　　　f_{c}——耗水率函数，与水位 $H(t)$ 有关，可通过历史统计数据拟合得到，表示单位发电量下通过水轮机的水流量。

（2）水库蓄能值约束

$$E_{\mathrm{h}}(t) = E_{\mathrm{h}}(t-1) + E_{\mathrm{h,in}}(t) - P_{\mathrm{h}}(t)\Delta T - P_{\mathrm{h,c}}(t)\Delta T \tag{4-15}$$

$$E_{\mathrm{h,min}}(t) \leqslant E_{\mathrm{h}}(t) \leqslant E_{\mathrm{h,max}}(t) \tag{4-16}$$

式中　$E_{\mathrm{h,max}}(t)$ 和 $E_{\mathrm{h,min}}(t)$——水库蓄能值上下限，受枯水期、汛前以及汛期水库运行需求的影响，MWh；

　　　$P_{\mathrm{h,c}}(t)$——t 时段的水电限电等值功率，与水电限电流量 $Q_{\mathrm{h,c}}(t)$ 对应，MW。

（3）水电限电功率约束

$$P_{\mathrm{h,c,min}}(t) \leqslant P_{\mathrm{h,c}}(t) \leqslant P_{\mathrm{h,c,max}}(t) \tag{4-17}$$

式中　$P_{\mathrm{h,c,max}}(t)$ 和 $P_{\mathrm{h,c,min}}(t)$——t 时段的水电限电等值功率上下限，MW。

（4）水位和蓄能的关系约束

$$H(t) = f_e[E_h(t)] \qquad (4-18)$$

式中　f_e——水位蓄能函数。

（5）水电限电量约束

$$E_{h,c} = \sum_{t=1}^{T} P_{h,c}(t) \Delta T \qquad (4-19)$$

4.3.2.3　梯级水电站来水关联关系

在实际梯级水电站运行过程中，下游水电站主要关注上游水电站出库流量到达下游水库时间，以及上游出库流量转化为下游水电站入库流量的比例，这也是上游水电站影响下游水电站运行的两大关键要素。根据这两大关键要素，建立梯级水电站上游水电站水库与下游水电站水库来水关联关系。在正常运行中，一般根据流速以及梯级水电站间距计算上游水电站出库水量到达下游水电站时间，即来水时延因子；同时根据历史数据，统计上游水电站出库流量转为下游水电站入库流量的比例因子，即来水衰减因子。

上游水电站水库的下泄流量（出库流量）将会转化为下游水电站水库的入库流量，对于上下游之间存在支流的，支流汇入的区间流量也会转化为下游水库的来水流量，支流流出的区间流量将会消耗下游水电站的来水流量

$$Q_{h\_d,in}(t) = K_d Q_{h\_up,out}(t - t_d) + Q_{h\_d,b}(t) \qquad (4-20)$$

式中　$Q_{h\_d,in}(t)$——梯级水电站下游水电站水库的来水流量，m^3/s；

　　　$Q_{h\_up,out}(t)$——梯级水电站上游水电站水库的出库流量，m^3/s；

　　　K_d——来水衰减因子，表征上游水电站下泄流量转化为下游水电站来水流量的比例，主要用来考虑上游水电站下泄流量因渗透、灌溉、蒸发等因素造成的水资源损失；

　　　t_d——来水时延因子，表征上游水电站开闸放水到下游水电站的时间，与水流速度和上下游之间的距离有关，h；

　　　$Q_{h\_d,b}(t)$——梯级水电站上下游间支流汇入和流出的流量，该值为正表示汇入，该值为负表示流出，m^3/s。

4.3.3 储能模型

储能装置分为电储能和热储能两类，为实现与火电机组出力特性对比，将电储能、热储能的工作特性绘制于电热出力工况图中，其工作特性如图4-6和式（4-21）所示

$$\begin{cases} S^{\mathrm{l}}_{i,t+1} = S^{\mathrm{l}}_{i,t} + P^{\mathrm{e}}_{i,t}\Delta t - P^{\mathrm{o}}_{i,t}\Delta t & \forall i \in I_{\mathrm{el}};\ t \in T \\ 0 \leqslant P^{\mathrm{e}}_{i,t} \leqslant P^{\mathrm{e,max}}_{i,t} & \forall i \in I_{\mathrm{el}};\ t \in T \\ 0 \leqslant P^{\mathrm{o}}_{i,t} \leqslant P^{\mathrm{o,max}}_{i,t} & \forall i \in I_{\mathrm{el}};\ t \in T \end{cases} \quad (4-21)$$

式中　　$S^{\mathrm{l}}_{i,t}$——第 i 个储能装置在 t 时刻的储能容量，MWh；

$P^{\mathrm{e}}_{i,t}$，$P^{\mathrm{o}}_{i,t}$——第 i 个储能装置在 t 时刻的储能输入功率和输出功率，MW；

$P^{\mathrm{e,max}}_{i,t}$，$P^{\mathrm{o,max}}_{i,t}$——第 i 个储能装置输入功率上限和输出功率上限，MW；

Δt——计算时间间隔，h；

I_{el}——储能装置集合；

T——总时间长度，h。

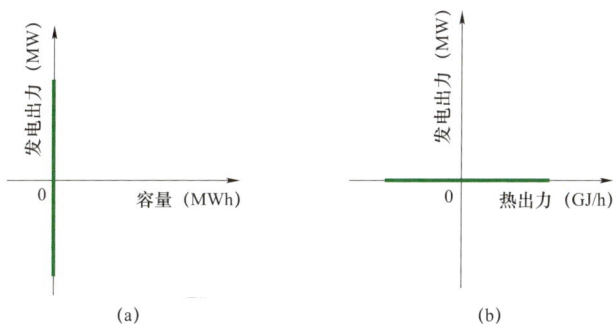

图4-6　储能装置特性图

（a）电储能装置；（b）热储能装置

抽水蓄能电站在模型中可以看作是典型的电储能装置。在电网负荷低谷时，将电能转换成水的势能储存起来；在电网负荷尖峰时，通过水轮发电机发电，将水的势能转换成电能。抽水蓄能电站按水流条件可分为纯抽水蓄能电站和混合式抽水蓄能电站。由于本书主要考虑抽水蓄能电站对系统新能源消纳的促进作用，因此将抽水蓄能电站视为纯抽水蓄能电站。这种水电站在河道上建有上下两个水库，在电力系统负荷低谷时，发电机当

抽水机用，将下水库的水抽到上水库，以势能的形式存储能量，待电力系统负荷高峰时，再将这部分水量通过水轮机发电。在实际电力系统运行过程中，抽水蓄能电站的作用如下：

（1）削峰填谷。根据抽水蓄能电站的运行方式特点，不仅能压低系统尖峰负荷，而且能抬高系统低谷负荷；与系统中其他机组配合运行，可以有效地降低系统调峰难度，削减系统运行成本。

（2）调频。由于抽水蓄能电站机组启停速度快，能快速跟踪负荷的大范围变化，从而能起到调节系统频率的作用。当频率过高时，抽水蓄能机组变为负荷抽水；反之，出现频率过低，变为电源发电。

（3）调相。一般抽水蓄能电站站址都选在负荷中心附近或靠近抽水电源点，是理想的调相机，在既不抽水又不发电的时候，可作为同期调相机使用，用以调整系统电压。

（4）备用。当电力系统中某些电厂（电站）或机组发生事故时，抽水蓄能电站能快速灵活地投入系统。

4.3.4　核电机组模型

核电发电成本低，清洁、低碳、环境污染小，持续发电能力强，但由于发生核泄漏时放射性污染的灾难性后果，核电运行的安全性一直是全社会公众甚为关注的热点。因此，从核电运行的安全性考虑，应尽可能避免频繁调节核电机组出力，即尽可能安排核电站承担日负荷曲线中的基荷部分。国外多年运行实践表明，当系统调峰容量不足时，核电站可以在其调节速度允许的范围内承担部分变动负荷，即允许核电机组承担部分接近于基荷的腰荷，以缓解系统调峰不足的状况。但由于核燃料棒的使用周期一定，一般核电调峰运行时的发电经济性会降低，发电成本将增加。基于核电站运行的经济性、安全性以及调节能力，应充分利用核电站的电量效益和容量效益，减少火电机组开机容量和发电量。

核电机组有两种运行模式：基本负荷运行模式和负荷跟踪运行模式。

（1）基本负荷运行模式。指汽轮机负荷跟随核反应堆功率的运行模式。为了减少给燃料寿命带来不利影响，希望尽可能抑制核反应堆功率的波动，这意味着核电厂最好采用基本负荷运行模式，以有利于核电厂安全和机组的寿命。

（2）负荷跟踪运行模式。随着核电在电力系统中的比例升高，核电厂越来越多地参与电网调峰，以满足负荷变化的需求。这种核电厂的功率随电网需求而变化的运行方式通常称为负荷跟踪运行模式。电网需求的变化通过汽轮机控制系统反映为蒸汽流量的变化，反应堆通过控制系统对功率变化做出响应，以适应电网需求。

核电机组 i 运行特性如下

$$P_{Ai} = \overline{n}_i C_i \frac{T_{Ei}}{8760} \qquad (4-22)$$

当系统或分区火电调峰能力不足时，允许核电站按下式约束降额运行。

$$n_i C_i K_{i\min} \leqslant P_{Ai} \leqslant n_i C_i \qquad (4-23)$$

核电机组承担事故停机备用容量约束如下

$$\begin{cases} R_{Ai} \leqslant \min\{n_i C_i - P_{Ai}, R_{i\max} n_i C_i\} \\ \sum_{i \in s} R_{Ai} + \sum_{i \in s} R_{TSi} = R_{Ss} \end{cases} \qquad (4-24)$$

式中　　T_{Ei}——核电机组 i 年期望发电利用小时数，h；

$\quad C_i$——核电机组 i 额定装机容量，MW；

$\quad n_i$——核电机组的开机台数；

$K_{i\min}$——核电机组最小技术出力，p.u.；

$\quad P_{Ai}$——核电机组出力，MW；

$\quad R_{Ai}$——核电机组 i 事故停机备用容量，MW；

$\quad R_{TSi}$——其他机组承担的事故停机备用，MW；

$R_{i\max}$——核电站允许承担备用的最大比例；

$\quad R_{Ss}$——系统的停机备用容量，MW。

4.4　电力系统优化模型

4.4.1　优化目标

新能源时序生产模拟的核心是电力系统运行优化模型，其优化目标可为发电清洁性最优、发电经济性最优、投资成本最小等，下面分别介绍几种优化目标函数的数学形式。

（1）清洁性最优。清洁性最优的目标对应着优化周期内新能源发电量消纳最大，考虑到新能源发电出力随其集中安装地点的不同而不同，可以将不同聚合电网的新能源单独计算，因此优化周期内的目标函数为

$$\max \sum_{t=1}^{T} \sum_{n=1}^{N} \left[P_{w}(t,n) + P_{pv}(t,n) \right] \qquad (4-25)$$

式中 N —— 系统所包含的聚合电网总数；

n —— 聚合电网编号；

T —— 调度时间的总长度，h；

t —— 仿真时间变量，h；

$P_{w}(t,n)$ —— 聚合电网 n 在时段 t 的风电出力，MW；

$P_{pv}(t,n)$ —— 聚合电网 n 在时段 t 的光伏发电出力，MW。

（2）经济性最优。经济性最优对应着优化周期内全网所有电源的运行和启停机成本最小，考虑到新能源及水电等可再生能源的运行边际成本非常低，本书中的运行成本只考虑火电机组。因此，目标函数的数学形式如下

$$\min \sum_{t=1}^{T} \sum_{n=1}^{N} \left\{ \sum_{j=1}^{J} \left[C_{j}(t,n) + S_{j}^{on}(t,n)C_{j}^{SU} + S_{j}^{off}(t,n)C_{j}^{SD} \right] \right\} \qquad (4-26)$$

式中 $C_{j}(t,n)$ —— 聚合电网 n 第 j 类火电机组在 t 时段的运行成本，元；

$S_{j}^{on}(t,n)$ 和 $S_{j}^{off}(t,n)$ —— 火电机组的启机和停机台数；

C_{j}^{SU} 和 C_{j}^{SD} —— 火电机组的单次启机和停机费用，元。

火电机组的运行成本主要为煤耗成本，其表达式如下

$$C_{j}(t,n) = a_{j}P_{j}(t,n)^{2} + b_{j}P_{j}(t,n) + c_{j} \qquad (4-27)$$

式中 a_{j}、b_{j}、c_{j} —— 火电机组二次煤耗曲线的系数；

$P_{j}(t,n)$ —— 聚合电网 n 在时段 t 的 j 台火电机组出力，MW。

（3）投资成本小

$$\min \sum_{i=1}^{n} (C_{i,S}E_{S} + C_{i,M}E_{M}) \qquad (4-28)$$

式中 $C_{i,S}$ 和 $C_{i,M}$ ——投资对象的设备 S 和 M 单位容量的投资成本,元/MW;

E_S 和 E_M ——投资对象的设备 S 和 M 配置容量,MW。

清洁性最优和经济性最优模型主要用于优化调度,投资成本最小模型主要用于电源容量规划。

4.4.2 约束条件

新能源电力系统在实际运行中还会受到多种边界条件的影响,每个时刻下电网运行都会发生各种各样的变化。为适应电力系统多种运行方式,新能源时序生产模拟应满足负荷需求、电源运行限制,以及系统运行方式等要求。具体的约束条件包括(以下约束条件对任意时段 t 都需满足):

(1)系统旋转备用容量约束

$$\begin{cases} \sum_{n=1}^{N} \sum_{j=1}^{J} \left[-P_{j,\max}(t,n) S_j(t,n) - P_w(t,n) - P_{pv}(t,n) \right] \leqslant -\sum_{n=1}^{N} P_l(t,n) - P_{re} \\ \sum_{n=1}^{N} \sum_{j=1}^{J} \left[P_{j,\min}(t,n) S_j(t,n) \right] \leqslant \sum_{n=1}^{N} P_l(t,n) - N_{re} \end{cases}$$

$$(4-29)$$

式中 P_{re} 和 N_{re} ——系统设定的正旋转备用和负旋转备用,MW;

$P_{j,\max}(t,n)$ 和 $P_{j,\min}(t,n)$ ——聚合电网 n 中第 j 类机组的发电出力上限和发电出力下限,MW;

$S_j(t,n)$ ——整数变量,表示为聚合电网 n 中第 j 类机组的开机台数;

$P_l(t,n)$ ——聚合电网 n 第 t 时段的电力负荷,MW。

将各时段新能源理论发电出力纳入备用容量约束,可减小开机容量,使得电网更多地消纳新能源。

(2)区域负荷平衡约束

$$\sum_{j=1}^{J} P_j(t,n) S_j(t,n) + P_w(t,n) + P_{pv}(t,n) + P_h(t,n) + P_{cx}(t,n) + P_{Ai}(t) + \sum_{i=1}^{I} L_i(t)$$
$$= P_l(t,n)$$

$$(4-30)$$

式中 $P_j(t,n)$ ——聚合电网 n 第 t 时段第 j 类单台机组的发电出力,MW;

I ——聚合电网 n 与其他聚合电网相连接的传输线个数；

$L_i(t)$ ——第 t 时段第 i 条传输线的输电功率，MW；

$P_h(t,n)$ ——聚合电网 n 第 t 时段的水电出力，MW；

$P_{cx}(t,n)$ ——聚合电网 n 第 t 时段的抽水蓄能电站发电出力，MW；

$P_{Ai}(t)$ ——聚合电网 n 第 t 时段的核电出力，MW。

（3）区域间线路传输容量约束

$$L_{i,\min} \leqslant L_i(t) \leqslant L_{i,\max} \tag{4-31}$$

式中 $L_{i,\min}$，$L_{i,\max}$ ——第 i 条传输线传输容量的上、下限，MW。

设定电流参考方向为：流入区域为正方向，流出区域为负方向。$L_i(t)$ 可以取正负值，正负代表功率传输的方向。

（4）机组发电出力约束

$$0 \leqslant \Delta P_j(t,n) \leqslant \left[P_{j,\max}(t,n) - P_{j,\min}(t,n) \right] S_j(t,n) \tag{4-32}$$

$$P_j(t,n) = P_{j,\min}(t,n) S_j(t,n) + \Delta P_j(t,n) \tag{4-33}$$

式中 $\Delta P_j(t,n)$ ——区域 n 中第 j 类火电机组在 t 时段的优化功率，MW。

（5）机组功率爬坡率约束

$$P_j(t+1,n) - P_j(t,n) \leqslant \Delta P_{j,up}(n) \tag{4-34}$$

$$P_j(t,n) - P_j(t+1,n) \leqslant \Delta P_{j,down}(n) \tag{4-35}$$

式中 $\Delta P_{j,up}(n)$，$\Delta P_{j,down}(n)$ ——第 j 台机组的最大上爬坡功率和最大下爬坡功率，MW。

（6）机组运行台数约束

$$0 \leqslant S_j(t,n) \leqslant S_{j,\max}(n) \tag{4-36}$$

式中 $S_{j,\max}(n)$ ——聚合电网 n 第 j 类机组的总台数。

（7）系统调度指令次数约束

$$0 \leqslant \sum_{t=1}^{T} \left[Y(t) + Z(t) \right] \leqslant 1 \tag{4-37}$$

式中 $Y(t)$，$Z(t)$ ——系统 t 时段的火电启机指令和停机指令。

考虑到实际调度的情况，每天只对网内机组发出一次调度指令，对于

$Y(t)$，"0"表示没有启机指令，"1"表示系统发出启机指令；对于 $Z(t)$，"0"表示没有停机指令，"1"表示系统发出停机指令。$Y(t)$ 和 $Z(t)$ 都表示一种动作状态，即停机或启机只能持续一个时间步长，而不是表示启机或停机的过程。因此，式（4-37）可以保证机组每天最多接到一次启机或者停机指令。

（8）机组启停机运行状态逻辑约束

$$-Z(t)S_{j,\max}^n \leqslant S_j(t,n) - S_j(t-1,n) \leqslant Y(t)S_{j,\max}^n \qquad (4-38)$$

逻辑状态约束主要限制全网机组动作一致，即当调度发出启动机组指令时，此时 $Z(t)=0$，$Y(t)=1$，$0 \leqslant S_j(t,n) - S_j(t-1,n) \leqslant S_{j,\max}$，从而规定了此时网内机组只能启动，即机组的运行台数只能增加，或者不变；当调度发出停机指令时 $Z(t)=1$，$Y(t)=0$，$-S_{j,\max} \leqslant S_j(t,n) - S_j(t-1,n) \leqslant 0$，从而规定了此时网内机组只能停机，即机组的运行台数只能减少，或者不变。

（9）启机/停机台数约束

$$\begin{cases} S_j^{\text{on}}(t,n) \leqslant S_j(t,n) - S_j(t-1,n) \\ S_j^{\text{off}}(t,n) \leqslant S_j(t-1,n) - S_j(t,n) \end{cases} \qquad (4-39)$$

当目标函数为全网各时段运行成本最小时，如果出现启机或停机动作，式（4-39）约束中的不等式条件会取值为等式，保证了约束的有效性。

（10）供热机组供暖期发电出力约束。根据对供热机组的定义以及我国热电联产发展的实际状况，背压式热电联产火电机组和抽汽式热电联产火电机组约束见式（4-1）和式（4-2）。

（11）水电机组运行约束

$$P_{\text{h,min}} \leqslant P_{\text{h}}(t,n) \leqslant P_{\text{h,max}} \qquad (4-40)$$

式中　$P_{\text{h}}(t,n)$——水电机组在 t 时段的出力，MW；

$P_{\text{h,min}}$ 和 $P_{\text{h,max}}$——水电机组的最小和最大技术出力，MW。

（12）水电机组发电量约束

$$\begin{cases} [P_{\text{h}}(t,n) + P_{\text{h}}(t+1,n) + \cdots + P_{\text{h}}(t+k,n)]\Delta T \leqslant E_{\text{h,max}}(n) \\ [-P_{\text{h}}(t,n) - P_{\text{h}}(t+1,n) - \cdots - P_{\text{h}}(t+k,n)]\Delta T \leqslant E_{\text{h,min}}(n) \end{cases} \qquad (4-41)$$

式中　$E_{h,max}(n)$，$E_{h,min}(n)$ ——一定周期内聚合电网 n 中水电机组的发电
量上限及下限，MWh；

　　　　　　k ——常数，由水电机组发电量约束周期参数决定。

（13）水库模型。水库模型的数学表达式参见 4.3.2，可以根据需要选取不同的水库模型。

（14）抽水蓄能机组抽放水状态约束

$$a(t,n) + b(t,n) = 1 \qquad (4-42)$$

式中　$a(t,n)$ 和 $b(t,n)$ ——二进制变量；

　　　　　$a(t,n)=1$ ——抽蓄机组处于抽水状态；

　　　　　$b(t,n)=1$ ——抽蓄机组处于发电状态。

（15）抽水蓄能机组水库容量限制

$$C_{cx,min}(n) \leqslant C_{cx}(t-1,n) - mP_{cx}(t,n) \cdot \Delta T \leqslant C_{cx,max}(n) \qquad (4-43)$$

式中　$C_{cx,max}(n)$，$C_{cx,min}(n)$ ——聚合电网 n 抽水蓄能机组水库容量上限、
容量下限，m^3；

　　　　　$C_{cx}(t-1,n)$ ——$t-1$ 时刻水库的容量，m^3；

　　　　　m ——单位发电量所需水量，m^3/MWh。

（16）抽水蓄能机组最小抽水时间约束

$$a(t,n) + b(t+1,n) + b(t+2,n) + \cdots + b(t+k,n) \leqslant 1 \qquad (4-44)$$

式中　k ——常数，由机组最小抽水运行时间参数决定。

（17）抽水蓄能机组最小放水时间约束

$$b(t,n) + a(t+1,n) + a(t+2,n) + \cdots + a(t+k,n) \leqslant 1 \qquad (4-45)$$

式中　k ——常数，由机组最小放水运行时间参数决定。

（18）抽水蓄能机组发电出力约束

$$a(t,n)P_{cx,max}^{p}(n) + b(t,n)P_{cx,min}^{o}(n) \leqslant P_{cx}(t,n) \leqslant a(t,n)P_{cx,min}^{p}(n) + b(t,n)P_{cx,max}^{o}(n)$$

$$(4-46)$$

式中　$P_{cx,min}^{o}(n)$，$P_{cx,max}^{o}(n)$，$P_{cx,min}^{p}(n)$，$P_{cx,max}^{p}(n)$ ——聚合电网 n 中抽水蓄
能机组发电和抽水的
最小、最大功率，MW。

（19）新能源发电出力约束

$$0 \leqslant P_{\mathrm{w}}(t,n) \leqslant P_{\mathrm{w}}^*(t,n) \qquad (4-47)$$

$$0 \leqslant P_{\mathrm{pv}}(t,n) \leqslant P_{\mathrm{pv}}^*(t,n) \qquad (4-48)$$

式中　　$P_{\mathrm{w}}^*(t,n)$ ——时刻 t 时风电的最大发电出力，MW；

　　　　$P_{\mathrm{pv}}^*(t,n)$ ——时刻 t 光伏发电的最大发电出力，MW。

式（4-25）～式（4-48）组成了新能源电力系统时序生产模拟优化模型，优化模型中的优化决策变量为常规机组的发电出力、新能源发电出力、抽水蓄能电站发电出力、火电机组开机台数、抽水蓄能电站运行状态等，其中电源出力均为连续变量，机组台数和抽水蓄能电站运行状态为整数变量，因而新能源电力时序生产模拟优化模型属于典型混合整数线性规划模型，通过求解该模型，可以得到任意 t 时段下，系统所有电源的出力和运行状态，目标函数最优值即为全部优化时段下的最大或最小值。

4.5　模型求解方法

4.5.1　数学规划求解方法

新能源时序生产模拟模型在数学上可归结为求解混合整数线性规划问题，其数学模型简写如下

$$\min f(x)$$

$$\mathrm{s.t.} \begin{cases} g_i(x) \geqslant 0 & (i=1,2,\cdots,n) \\ h_j(x) = 0 & (j=1,2,\cdots,m) \\ x \in D \subseteq R^n \end{cases} \qquad (4-49)$$

式中　　x ——待优化的变量集合；

　　　　$f(x)$ ——优化目标函数；

　　　　$g_i(x) \geqslant 0$ ——不等式约束集合；

　　　　$h_j(x) = 0$ ——等式约束集合。

混合整数规划是一类优化问题的解中全部或部分变量为整数的数学规划问题。为满足变量为整数的要求，初看起来似乎只要把已得的非整数解舍入化整就可以了，实际上化整后的数未必是可行解和最优解，所以应该

有特殊的方法来求解混合整数规划问题。

求解混合整数规划的核心算法是分枝定界法（branch and bound，B&B），其基本思想是对有约束条件的最优化问题的所有可行解（数目有限）空间进行搜索。对设有最大化的混合整数规划问题 A，将整数变量松弛为连续变量得到相应的规划问题 B，从解问题 B 开始，若其最优解不符合 A 的整数条件，那么 B 的最优目标函数必定是 A 的最优目标函数的上界，而 A 的任意整数可行解的目标函数值为下界，根据问题的 B 的优化结果以整数为界划分变量取值范围，得到 B 的分枝问题 B_1、B_2，求解 B_1、B_2，根据结果继续划定分枝，依次迭代，直至分枝问题中产生符合 A 约束条件的解，即为最优解。分枝定界法就是将 B 的可行域分成子区域，不断分枝、剪枝和定界，在找到更好的可行整数解后，更新下界，逐步增大下界和减小上界，最终求得问题 A 的最优解。

对于机组发电出力优化这样的非线性混合整数规划问题，在合理应用分枝定界法对原混合整数规划问题进行拆分的同时，还要应用内点法或外点法进行非线性优化计算。为了保证求解的速度和结果的全局最优性，优化计算代码需要科学合理的编写，有机地将各种算法结合在一起。

常见整数规划模型包括背包问题、集合覆盖、打包和划分问题、L 个约束中至少 K 个满足、取 L 个值的函数、固定费用问题、If–Then 约束条件和分段线性函数。下面主要介绍 If–Then 约束条件。

在许多应用中，如果满足约束条件 $f(x_1,x_2,\cdots,x_n)>0$，那么也必须满足约束条件 $g(x_1,x_2,\cdots,x_n)\geqslant 0$。为了确保这一点，可引入 0–1 变量 y，当 $f(x_1,x_2,\cdots,x_n)>0$ 时，有 $y=0$，然后要求当 $y=0$ 时有 $g(x_1,x_2,\cdots,x_n)\geqslant 0$。从而该要求可表示为

$$\begin{cases} -g(x_1,x_2,\cdots,x_n)\leqslant My \\ f(x_1,x_2,\cdots,x_n)\leqslant M(1-y) \\ y\in\{0,1\} \end{cases} \qquad (4-50)$$

式中　M——一个足够大的常数，它应保证满足问题中其他约束条件的所有 $(x_1,x_2,\cdots,x_n)$ 都满足 $f(x_1,x_2,\cdots,x_n)\leqslant M$ 和 $-g(x_1,x_2,\cdots,x_n)\geqslant M$。

可以看到，如果 $f>0$，那么必有 $y=0$。于是由约束条件可知 $-g\leqslant 0$ 或 $g\geqslant 0$，这就是要求的结果。

设矩阵 $A\in\mathbb{R}^{m\times n}$，列向量 $b\in\mathbb{R}^m$，$c\in\mathbb{R}^n$，$x\in\mathbb{R}^n$，变量下标集合 $I\subseteq N=\{1,\cdots,n\}$，则一般混合整数规划问题（Mixed Integer Programming，MIP）可表示为

$$\min\quad c^{\mathrm{T}}x\equiv\sum_{j=1}^n c_j x_j$$

$$\text{s.t.}\qquad\qquad\qquad\qquad\qquad\qquad (4-51)$$

$$\begin{cases} Ax\leqslant b \\ l_j\leqslant x_j\leqslant u_j,\forall j\in N=\{1,\cdots,n\} \\ x_j\in\mathbb{Z},\forall j\in I\subseteq N \end{cases}$$

式中，$l_j,u_j\in\mathbb{R}\bigcup\{\pm\infty\}$。记 0-1 变量的下标集合为 $B=\{j\in I\,|\,l_j=0\ \text{且}\ u_j=1\}$，连续变量的下标集合为 $C=N/I$。

若 $I=\varnothing$，则称优化问题式（4-51）为线性规划问题（linear programming，LP）；若 $I=N$，则称为纯整数规划问题（integer programming，IP）；若 $I=B$，则称为混合 0-1 规划问题（mixed binary programming，MBP）；若 $I=B=N$，则称为 0-1 规划问题（binary programming，BP）。

在优化问题式（4-51）中，若将整数约束"$x_j\in\mathbb{Z},\forall j\in I\subseteq N$"去掉，可得线性规划问题

$$\min\qquad c^{\mathrm{T}}x\equiv\sum_{j=1}^n c_j x_j$$

$$\text{s.t.}\qquad Ax\leqslant b \qquad\qquad (4-52)$$

$$l_j\leqslant x_j\leqslant u_j,\forall j\in N=\{1,\cdots,n\}$$

称式（4-52）为线性规划松弛问题。

求解整数规划的难点可用下面一个简单的例子来说明。

【例】计算：

$$\begin{aligned} \max\quad & x_1+0.64x_2 \\ \text{s.t.}\quad & 50x_1+31x_2\leqslant 250 \\ & 3x_1-2x_2\geqslant -4 \\ & x_1,x_2\geqslant 0\quad x_1,x_2\in\mathbb{Z} \end{aligned}\qquad (4-53)$$

其可行域如图4-7所示。

其可行域的整点凸包如图4-8所示。优化问题（4-53）的最优解确定过程如图4-9所示。

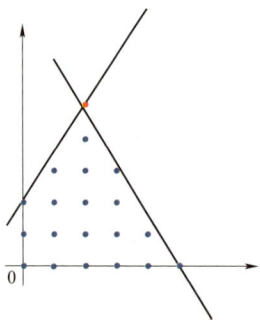

图4-7 优化问题（4-53）的
可行域示意图

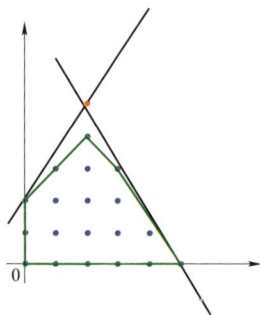

图4-8 优化问题（4-53）的
可行域的"整点凸包"

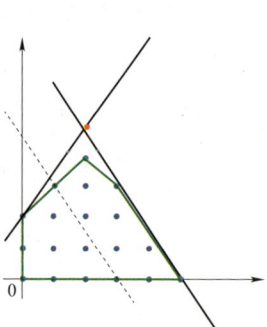

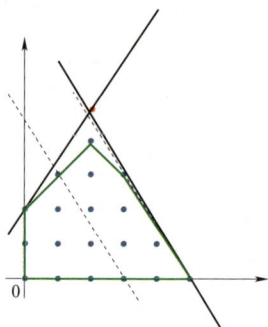

图4-9 优化问题（4-53）的最优解确定过程

通过图示可看出原问题的最优解是 $x^* = (5，0)$，松弛问题最优解 $\bar{x} = \left(\dfrac{376}{193}，\dfrac{950}{193}\right)$，与之有一段相当长的距离（相对于可行域）。将其相应的线性规划松弛问题的最优解"圆整"（或"凑整"）来解原整数规划，是最容易想到的。对于上例，若将松弛问题的最优解"圆整"到最近整数解（2，5），该解不可行；若"圆整"到最近可行解（即整数解）（2，4），没有得到最优解，而且离原问题最优解 $x^* = (5，0)$ 还相当远（相对于可行域）。

这一例子表明，将相应的线性规划松弛问题的最优解"圆整"（或"凑整")来求解原整数规划，常常得不到整数规划的最优解，甚至根本不是可行解。变量个数较多时，"圆整"的方法将更为困难。对有 n 个变量的问题，若每个变量都有向上"圆整"和向下"圆整"两种选择，则其组合数将达到 2^n，出现"组合爆炸"现象。

因此要得到整数规划的最优解，最简单的算法是采用枚举法（这意味着巨大的计算量）。为尽可能减少运算量，人们提出了分枝定界方法，它实际上是一种隐枚举方法。

考虑一般的线性混合整数规划问题，设其可行域为 S，最优目标值为 z^*，其线性规划松弛问题的可行域为 P。

设 $S = S_1 \bigcup S_2 \bigcup \cdots \bigcup S_k$ 是可行域 S 的一个分解，设 $z^i = \min\{c^T x : x \in S_i\}$，$i = 1, \cdots, k$，$z^* = \min\{c^T x : x \in S\}$，则 $z^* = \min\limits_{1 \leqslant i \leqslant k} z^i$。

设 $S = S_1 \bigcup S_2 \bigcup \cdots \bigcup S_k$ 是可行域 S 的一个分解，设 $z^i = \min\{c^T x : x \in S_i\}$，$i = 1, \cdots, k$，$z^* = \min\{c^T x : x \in S\}$，$\overline{z}^i$ 是 z^i 的一个上界（即 $\overline{z}^i \geqslant z^i$），$\underline{z}^i$ 是 z^i 的一个下界（即 $\underline{z}^i \leqslant z^i$）。那么 $\overline{z} = \min\limits_i \overline{z}^i$ 是 z^* 的一个上界，$\underline{z} = \min\limits_i \underline{z}^i$ 是 z^* 的一个下界。

基于线性规划问题的分枝定界方法由一系列迭代构成。设混合整数规划问题的可行域为 S，其松弛问题的可行域为 J，初始时，令 $\Pi_1 = \{J\}$，并假设已得到一个候选解 $\overline{x}$，相应的目标值为 $\overline{z}$（如果没有候选解，则令 $\overline{z} = +\infty$）。在随后的迭代中，将 Δ 分解为一系列两两不交的多面集 $J_1, \cdots, J_k$。设在第 k 步迭代时，已得到 J 的一个分解 $\Pi_k = \{J_1, \cdots, J_k\}$，满足：

（1）$\{J_1, \cdots, J_k\}$ 是 I_k 中两两不交的多面集（每个均可由一个不等式组表示），且满足 $J = J_1 \bigcap J_2 \bigcap \cdots \bigcap J_k$。

（2）MIP 问题的可行解均包含在集合 $J_1, \cdots, J_k$ 中。若记 $S_i = S \bigcap J_i$，$i = 1, \cdots, k$，则 S_i 是混合整数规划问题的第 i 个子问题的可行域，且 $\{S_i : i = 1, \cdots, k\}$ 构成了混合整数规划问题可行域 S 的一个分解。

然后从 Π_k 中选择一个子问题进行求解，不妨从 Π_k 中选择子问题 J_i（即可行域是 J_i 的第 i 个子问题，该问题是可行域为 S_i 的第 i 个 MIP 子问题的线性规划松弛问题。子问题与可行域一一对应，以后对两者不再加以区分），并用线性规划方法求解，会有以下几种情况出现：

1）多面集 J_i 是空集。这时可将子问题 J_i 从 Π_k 中删除，称为因不可行而剪枝。

2）该问题的最优值 $z^i \geqslant \bar{z}$。此时在可行域 J_i 中不会存在比当前候选解 $\delta^+(k)$ 更好的可行解，将子问题 J_i 从 Π_k 中删除，称之为根据界而剪枝。

3）该问题的最优解 x^i 是混合整数规划问题（4-51）的可行解，即 $x^i \in S_i \subseteq S$，这说明第 i 个子问题 $z^i = \min\{c^T x \mid x \in S_i\}$ 已被求解。此时一定有 $z^i < \bar{z}$，因此需要更新候选解 $\delta^-(k)$ 和 $\bar{z}$，即令 $\bar{x} \leftarrow x^i$，$\bar{z} \leftarrow z^i$，然后将子问题 J_i 从 Π_k 中删除，称之为根据最优性而剪枝。

在上述三种剪枝情形中，均得到 $\Pi_{k+1} = \dfrac{\Pi_k}{\{J_i\}} = \{J_1, \cdots, J_{i-1}, J_{i+1}, \cdots, J_k\}$，然后进入第 $k+1$ 次迭代。

如果不是以上情形，则子问题 Δ 的最优解 x^i 不满足混合整数规划问题（4-51）的整数约束要求。不妨设 $x^i = \{\xi_1, \cdots, \xi_n\}$，$\xi_j (j \in I)$ 是一个分数，则定义

$$Q_1^i := \{x = (x_1, \cdots, x_n) \in J_i \mid x_j \leqslant \lfloor \xi_j \rfloor\}$$

$$Q_2^i := \{x = (x_1, \cdots, x_n) \in J_i \mid x_j \geqslant \lfloor \xi_j \rfloor + 1\}$$

并令 $\Pi_{k+1} = \{J_1, \cdots, J_{i-1}, J_{i+1}, \cdots, J_k, Q_1^i, Q_2^i\}$，然后进入第 $k+1$ 次迭代。

以上就是分枝定界方法基本迭代过程，迭代将一直进行到 $\Pi_k = \varnothing$ 才终止。因此分枝定界方法本质上是一个枚举方法，有可能产生巨大的计算量。但如果采用合适的搜索策略，结合较好的界，也将大大节省运算量。在搜索中，存在如下两个基本问题需要解决：

（1）在多个 $\xi_j (j \in I)$ 非整数的情形下，选择哪一个变量作为分枝变量，这个问题即称为分枝问题。

（2）在分枝的问题中先求解哪个问题，这个选择称为节点选择问题。

对第一个问题，即如果在一个子问题的最优解中有 2 个或 2 个以上的整数变量都是分数，如果事先知道哪个变量更重要，那么就应该选取最重要的变量分枝。否则就应该对取分数值的整数变量进行估计，看哪个更重

要。这种选择分枝变量的方法，称为分枝策略。

对第二个问题，即在分枝的叶子节点中先求解哪个问题，通常采用的规则有后进先出（last in，first out，LIFO）或深度优先（depth-first search，DFS）、先进先出（first in，first out，FIFO）或广度优先（breadth first search，BFS）规则，或者是两者的折中。这些选择节点的方法，称为节点选择策略。

（1）分枝策略。下面记 MIP 问题的可行域为 X_{MIP}。选择分枝变量的基本算法如下：

输入：当前子问题 Q 及其线性规划松弛问题最优解 $x \notin X_{MIP}$；

输出：某个取分数值的整数变量的下标 j，即 $j \in I$，但 $x_j \notin Z$。

选择分枝变量的基本算法：

以 F 表示那些可以作为分枝变量的下标集合，即令 $F = \{j \in I \mid x_j \notin Z\}$。

对于所有 $j \in F$，计算一个评价值 $s_j \in R$，设 $p = \arg\max_{k \in F}\{s_k\}$（若有多个，则按某种方式选择其中一个），那么选择 x_p 作为分枝变量，返回下标值 J。

常用的选择分枝变量的方法包括最为"分数"的变量分枝方法（most infeasible branching）、最接近整数的分数值变量分枝方法（least infeasible branching）、伪费用分枝方法（pseudo-cost branching）、强分枝方法（strong branching）和混合分枝方法。

（2）节点选择策略。在分枝定界方法中，在求解完一个节点（子问题）后，下一步将要在当前搜索树中选择某个叶子节点作为子问题来继续分枝定界的求解过程。在 MIP 的分枝定界搜索树中，节点的选择通常要求完成如下两个相反的目标：找到好的 MIP 可行解来改进原始界（primal bound，对最小化问题为上界，对最大化问题为下界），这可用来对搜索树较快地进行剪枝；改进全局对偶界（dual bound，对最小化问题为下界，对最大化问题为上界）。

除了通过原始启发式方法可以找到一个 MIP 可行解外，在求解节点的线性规划松弛问题时，如果相应的松弛最优解也是 MIP 可行的，那么也就找到了一个 MIP 可行解。在实际计算中，这样的情形通常发生在搜索树的深处。因此，为了更快地找到 MIP 可行解，自然应采用深度优先搜索策略（depth first search，DFS）。但是深度优先这样的方法完全忽略了第 2 个目标，因为具有最小下界的节点通常位于搜索树根节点的附近。为了尽可能地增强全局对偶界，应该使用最佳优先搜索策略（best first search）。对最小化问题，这种方法总是选择具有最小目标函数值的叶子节点来求解。为了同时达到以上两个目标，就产生了将这两种方法融合的策略，称为兼顾深度的最佳优先搜索策略（best first search with plunging）。

最佳优先搜索策略的一个变种就是最佳估计搜索策略（best estimate search）。该方法没有选择具有最好的对偶界节点进行求解，而是去估计相应节点在 MIP 可行域上的最优目标函数值，然后选择具有最好估计的节点进行求解。一个节点在 MIP 可行域上的最优目标函数值是通过该节点的对偶界、整数变量取分数值的程度和相应变量的伪费用值来估计的。最佳估计搜索策略的目标就是要尽可能早地找到一个好的，甚至是最优的可行解。如果将这种策略和深度优先策略结合，便得到了兼顾深度的最佳估计搜索策略（best estimate search with plunging）。此外，也可使用上述三种方法产生不同的搜索策略。

4.5.2　优化求解包 CPLEX 简介

前述数学规划问题求解方法非常复杂，值得庆幸的是目前有较多的数学规划问题求解包，其中最为常见的为 CPLEX。CPLEX 程序是 IBM 公司的一个优化引擎产品，是目前世界上速度最快、求解最稳定的混合整数规划求解包之一。该优化引擎通过多年的发展，不仅可用来求解线性规划（LP）问题，还可求解二次规划（quadratic programming，QP）问题、二次约束规划（quadratically constrained programming，QCP）问题，QCP 包含二阶锥规划（SQCP）以及相应的混合整数规划问题（即相应的线性规划、二次规划、二次约束规划问题中一些变量被限定为只能取整数值）。软件套装 IBM ILOG CPLEX Optimization Studio 中自带该优化引擎，具有执行速度快、功能全的特点，其自带的建模语言 OPL 简单易懂，并且与众多优化软件及语言兼容（与 C、C++、JAVA、Microsoft Excel、MATLAB 等都有接口），因此 CPLEX 应用十分广泛。目前 CPLEX 既有 Windows 下运行的版本，也有可以在 UNIX 等其他平台上运行的版本。

CPLEX 含有如下优化求解方法或求解器：

（1）原始单纯形法（primal simplex）。

（2）对偶单纯形法（dual simplex）。

（3）对数障碍内点法（log barrier optimizer）。

（4）网络优化求解器（network optimizer）。

（5）混合整数规划求解器（mixed integer optimizer）。

线性规划和二次规划问题可用原始单纯形法、对偶单纯形法和对数障碍内点法优化求解器求解，但在求解前都采用了预处理方法；纯粹的网络优化问题则一般采用网络优化求解器求解；二次约束规划问题（包含二阶锥规划）则是采用对数障碍内点法求解，该方法实际上是基于求解二阶锥规划问题的内点法。

混合整数规划问题是采用 CPLEX 自带的混合整数规划求解器求解，该求解器综合采用了预处理方法、启发式方法、分枝定界方法、割平面方法以及灵活的搜索策略和分枝策略，再求解调用相应的线性规划或二次规划求解器，结合适当的准则，对很多困难的混合整数规划（MIP）问题都取得很好的计算结果，能在保证最优解精度和鲁棒性的情况下实现对复杂混合整数规划问题的高效解决，这是 CPLEX 大受欢迎的重要原因。

本章主要是运用 CPLEX 求解器中的混合整数规划求解器来求解新能源时序生产模拟模型，CPLEX 在求解混合整数线性规划问题时，采用分枝切割算法，即求解一系列线性规划子问题，将割平面技术引入到分枝寻优过程中，能够有效地选择分枝，将子问题或根问题的目标函数值作为参数，随目标值变化而移动，以方便对子问题的非整数最优值进行切割。切割之后，采用分枝定界方法对问题进行分枝求解，将分枝与切割结合起来，交替使用，直到其松弛最优解和整数最优可行解满足收敛条件时，计算结束；反之继续搜索，直到找到满足精度要求的解。分枝切割算法的应用加快了其搜索速度，使得迭代次数大大减少，提高了计算效率。

第 5 章

新能源电力系统随机生产模拟

本章以计算新能源消纳能力为目标，介绍基于扩展序列运算和基于新能源时间序列建模的随机生产模拟的原理、建模方法和应用。基于扩展序列运算的新能源电力系统随机生产模拟，使用离散概率分布描述系统元件的随机性和波动性，通过离散概率分布间的扩展序列运算，实现系统各种概率场景的计算，可直接得到新能源消纳电量、限电量等消纳能力指标，该方法计算速度快，且能够保证新能源消纳能力计算精度。基于新能源时间序列建模的随机生产模拟，要考虑新能源发电出力的随机性，生成多种新能源发电出力时间序列场景，并基于第 4 章的方法进行多次生产模拟计算，以多次模拟计算结果的期望值作为最终的评估结果。

5.1 扩 展 序 列 运 算

序列运算理论是在研究电力系统的随机性问题的过程中逐渐形成的，经过严密的数学抽象与提高，已经成为一个解决复杂离散性概率问题的有力工具。该理论对概率论中的现有内容进行了发展与抽象，以概率性序列表示随机变量的概率分布，并通过定义序列间的运算得到随机变量相互运算后新的概率分布，在此过程中，通过对序列的离散化处理，巧妙地实现了计算中对变量取值的归并，在保证计算精度的条件下使计算速度极大提高。序列运算中的卷差、卷和、交积在电力系统中都有物理意义，本章借鉴序列运算，定义了适用于离散概率分布的扩展序列运算，并将序列运算的基本方法应用于离散概率分布的运算。

5.1.1 序列的定义

取值于数轴上非负整数点上的一系列数值称为序列。

已知序列 $a(i)$ $(i = 0, 1, \cdots, N_a)$，称 N_a 为此序列的长度。示意如图 5-1 所示。

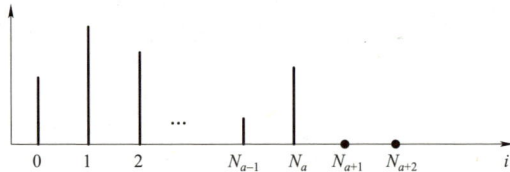

图 5-1 序列示意图

已知长度为 N_a 的离散序列 $a(i)$，$i = 0, 1, \cdots, N_a$，若其满足式（5-1）的条件

$$\begin{cases} a(i) \geqslant 0, i = 0, 1, \cdots, N_a \\ \sum_{i=0}^{N_a} a(i) = 1 \end{cases} \tag{5-1}$$

则称该序列为一个概率性序列。概率性序列中每一项的取值均处于 0~1 之间，且所有项之和等于 1。

概率性序列可以用来表示某些一维离散型随机变量的概率分布。当一维离散型随机变量 W 的取值为非负整数时，此随机变量的概率分布可以用一个概率性序列来表示。首先选取离散化因子 $\bar{C}$，则相应的概率序列的长度为

$$N_a = \lfloor W_{\max} / \bar{C} \rfloor \tag{5-2}$$

式中 $W_{\max}$ ——变量的最大值；

$\lfloor W_{\max} / \bar{C} \rfloor$ ——不超过 $W_{\max} / \bar{C}$ 的最大整数。

离散随机变量序列化的过程，其实就是以 $\bar{C}$ 为区间长度，将变量的变化范围分为 N_a 个等长区间，统计变量落入各离散化区间的频率 P_i 作为序列值。即相应的概率序列为

$$a(i) = P_i \qquad i = 0, 1, 2, \cdots, N_a \tag{5-3}$$

5.1.2　序列运算简介

序列运算理论定义了多种序列的运算以处理随机变量间特定的组合变换，其中有三种基本运算，即卷和运算、卷差运算、交积运算。已知两个长度分别为 N_a 和 N_b 的离散序列 $a(i)$ 和 $b(i)$，以这两个序列作为原始序列，可定义如下三种序列运算。

5.1.2.1　卷和运算

令 $N_u = N_a + N_b$，构造如下运算

$$u(i) = \sum_{i=i_a+i_b} a(i_a) \cdot b(i_b) \qquad i = 0,1,\cdots,N_u \qquad （5-4）$$

称序列 $u(i)$ 为 $a(i)$ 和 $b(i)$ 的卷和序列（其序列长度为 N_u），记为 $u(i) = a(i) \oplus b(i)$。式（5-4）中的求和条件是一种简化写法，其完整的表述如下

$$\{(i_a,i_b) \mid 0 \leq i_a \leq N_a; \quad 0 \leq i_b \leq N_b; \quad \text{s.t}: i_a + i_b = i\} \qquad （5-5）$$

式中　　$0 \leq i_a \leq N_a$ 和 $0 \leq i_b \leq N_b$——两个原始序列的定义域约束。

该条件式的含义为：在 i_a 和 i_b 的定义域内，对于满足条件 $i_a + i_b = i$ 的任意下标(i_a, i_b)组合，其相应的序列项的乘积 $a(i_a)b(i_b)$ 均构成 $u(i)$ 项求和式中的一项。下述几种序列运算与此类似。

5.1.2.2　卷差运算

令 $N_v = N_a$，构造如下运算

$$v(i) = \begin{cases} \sum_{i=i_a-i_b} a(i_a) \cdot b(i_b) & 1 \leq i \leq N_v \\ \sum_{i_a \leq i_b} a(i_a) \cdot b(i_b) & i = 0 \end{cases} \qquad （5-6）$$

称序列 $v(i)$ 为 $a(i)$ 和 $b(i)$ 的卷差序列（其长度为 N_v），记为 $v(i) = a(i) \ominus b(i)$。其求和条件式完整表述分别如下

对于 $1 \leq i \leq N_v$，有

$$\{(i_a,i_b) \mid 0 \leq i_a \leq N_a; \quad 0 \leq i_b \leq N_b; \quad \text{s.t}: i_a - i_b = i\} \qquad （5-7）$$

对于 $i = 0$，有

$$\{(i_a,i_b) \mid 0 \leq i_a \leq N_a; \quad 0 \leq i_b \leq N_b; \quad \text{s.t}: i_a \leq i_b\} \qquad （5-8）$$

5.1.2.3 交积运算

令 $N_w = \min(N_a, N_b)$，构造如下运算

$$w(i) = \sum_{\min(i_a, i_b) = i} a(i_a) \cdot b(i_b), \quad i = 0, 1, \cdots, N_w \qquad (5-9)$$

称 $w(i)$ 为 $a(i)$ 和 $b(i)$ 的交积序列（其长度为 N_w），简称交积，记为 $w(i) = a(i) \odot b(i)$。其求和条件式完整表述如下

$$\{(i_a, i_b) \mid 0 \leqslant i_a \leqslant N_a; \quad 0 \leqslant i_b \leqslant N_b; \quad \text{s.t} : \min(i_a, i_b) = i\} \qquad (5-10)$$

国内学者以序列运算理论为基础，考虑负荷需求与电源的不确定性，提出了适合于综合资源规划和电力市场的随机生产模拟方法，可应用于电力系统规划、电力系统随机潮流计算、电力市场不确定性研究等方面。

5.1.3 扩展序列运算

5.1.3.1 离散概率分布

电力系统中的不确定性变量可使用概率性序列进行描述，通过各变量对应的概率性序列之间的运算可进行随机生产模拟，但使用概率性序列进行运算存在以下缺点：

（1）生成多个概率性序列进行运算时，首先要设置离散化公因子，运算后的结果要乘以离散化公因子，才能还原到真实的变化区间。

（2）运算时，实际上是用区间的下限值代表本区间的数据参与运算，不能真实地反映本区间的数据，会产生量化误差。显然，离散化公因子越小，量化误差就越小，计算精度也越高，但离散化公因子减小，将导致计算量增加。需要在权衡计算效率和精度要求的基础上选取合适的离散化公因子。

（3）生成序列时，若离散化公因子相对变量最小值较小，所生成的序列起始部分会有一部分 0 值，这些 0 值不影响序列运算的结果，却占用存储空间，增加计算量。

基于上述分析，本书使用离散概率分布描述离散型随机变量的概率特性和随机性。离散型随机变量概率建模时，可将经验概率分布曲线进行离散化得到概率分布，也可通过历史数据得到离散概率分布，下文均采用通过历史数据得到离散概率分布的方法。

使用一个（$2 \times L_A$）的矩阵 A 描述离散随机变量 W 的概率分布，L_A 为概率分布 A 的长度，A 的第一行为离散值，第二行为离散值对应的概率，A 可表示为

$$A = \begin{bmatrix} A(1,1) & A(1,2) & \cdots & A(1,i_A) & \cdots & A(1,L_A) \\ A(2,1) & A(2,2) & \cdots & A(2,i_A) & \cdots & A(2,L_A) \end{bmatrix} \quad （5-11）$$

且

$$\begin{cases} A(2,i_A) \geqslant 0, \ i_A = 1, 2, \cdots, L_A \\ \sum_{i_A=1}^{L_A} A(2,i_A) = 1 \end{cases} \quad （5-12）$$

生成离散概率分布 A 的方法如下：

首先，确定离散概率分布的长度，选取离散化因子 $\bar{C}$，定义概率分布的长度 L_A 为

$$L_A = \lfloor W_{\max} / \bar{C} \rfloor - \lfloor W_{\min} / \bar{C} \rfloor + 1 \quad （5-13）$$

式中　$W_{\max}$——离散变量 W 的最大值；

　　　　$W_{\min}$——W 的最小值；

　　　　$\lfloor W_{\min} / \bar{C} \rfloor$——保证概率分布从 W 的最小值所在的区间开始，避免了概率分布起始部分概率为 0 值的情况。

然后，以 $\bar{C}$ 为区间长度，将 W 的变化范围分为 L_A 个等长区间，分别统计落入各离散化区间的数据期望值，作为对 W 在该离散化区间取值的估计。并分别统计各离散化区间变量 W 出现的频率，作为对 W 落入该离散化区间概率的估计。W 的离散概率分布矩阵 A 可用如下公式计算

$$A(1,i_A) = \begin{cases} E(W \mid W_j \in [(i_A + \theta - 1)\bar{C}, \ (i_A + \theta)\bar{C})) = \dfrac{1}{n_{i_A}} \displaystyle\sum_{W_j \in [(i_A+\theta-1)\bar{C}, \ (i_A+\theta)\bar{C})} W_j & n_{i_A} > 0 \\ 0 & n_{i_A} = 0 \end{cases}$$

$$（5-14）$$

$$A(2,i_A) = \frac{n_{i_A}}{N}, \quad i_A = 1, 2, \cdots, L_A \quad （5-15）$$

$$\theta = \lfloor W_{\min} / \bar{C} \rfloor$$

上二式中　n_{i_A}——W 落入第 i_A 个区间内的个数；

i_A ——区间序号；

N ——离散变量 W 的数据总量。

上述生成的离散概率分布 A 的第一行采用区间内数据期望值，可以更真实精确地反映离散数据的特性，避免了采用区间下边界值运算带来的误差。且使用数据最小值精准定位概率分布长度和剔除无数据归入区间的方法，保证所生成的离散概率分布中 $A(2,1) \neq 0$，缩短概率分布的长度，减少存储量和计算量。

5.1.3.2 离散概率分布的序列运算

已知两个长度分别为 L_A 和 L_B 的离散概率分布 A 和 B，以这两个离散概率分布作为原始分布，基于序列运算理论，可定义如下适用于离散概率分布的扩展序列运算：

1. 扩展卷和运算

设离散概率分布 x 的长度为 L_x，构造如下运算

$$\begin{cases} x(1,i_x) = A(1,i_A) + B(1,i_B) \\ x(2,i_x) = \sum_{\Gamma_1} A(2,i_A)B(2,i_B) \end{cases} \quad i_x = 1, 2, \cdots, L_x \qquad (5-16)$$

式中 Γ_1 ——$\{[A(1,i_A),B(1,i_B)] \mid 1 \leqslant i_A \leqslant L_A; \quad 1 \leqslant i_B \leqslant L_B; \quad \text{s.t}: A(1,i_A)+B(1,i_B) = x(1,i_x)\}$，表示在 i_A 和 i_B 的定义域内，对于满足条件 $A(1,i_A)+B(1,i_B) = x(1,i_x)$ 的任意 $[A(1,i_A),B(1,i_B)]$ 组合，其相应的概率项的乘积 $A(2,i_A)B(2,i_B)$ 均构成 $x(2,i_x)$ 项求和式中的一项。下述几种扩展序列运算与此类似。

称 x 为 A 和 B 的初步离散卷和概率分布。

因为 $A(1,i_A)$ 和 $B(1,i_B)$ 为区间内数据的期望值，则 $x(1,i_x)$ 在同一离散化区间内可能会有多个值，需将同一离散化区间内的 $x(1,i_x)$ 进行归纳合并。现举例说明，取离散化公因子 $\bar{C} = 10$，计算结果如表 5-1 所示。

表 5-1　　原始概率分布及其初步离散卷和概率分布

原始概率分布	A	6	18	25			
		0.1	0.6	0.3			
	B	14	24	36			
		0.5	0.3	0.2			

续表

初步离散卷和 概率分布	x	20	30	32	39	42	49	54	61
		0.05	0.03	0.3	0.15	0.2	0.09	0.12	0.06

分析表 5−1 可知，$x(1,i_x)$中 [30,40) 区间内有 3 个值，[40,50) 区间内有 2 个值，将同一区间内的 $x(1,i_x)$ 进行合并，取同一区间内数据的期望值为新离散概率分布的离散值，取同一区间内所有数据的概率之合为新离散概率分布的概率值，合并后的离散概率分布 x' 见表 5−2。

表 5−2　　　　　　　　　扩 展 卷 和 概 率 分 布

x'	20	34.06	44.17	54	61
	0.05	0.48	0.29	0.12	0.06

称 x' 为 A 与 B 的离散卷和概率分布，称以上运算为离散概率分布 A 与 B 的扩展卷和运算，计作 $x'=A\oplus B$。

2. 扩展卷差运算

设离散概率分布 y 的长度为 L_y，构造如下运算

$A(1,i_A)-B(1,i_B)>0$ 时

$$
\begin{cases}
y(1,i_y)=A(1,i_A)-B(1,i_B) \\
y(2,i_y)=\displaystyle\sum_{\Gamma_2}A(2,i_A)B(2,i_B)
\end{cases}
\quad i_y=1,2,\cdots,L_y \qquad (5-17)
$$

式中　Γ_2——$\{[A(1,i_A),B(1,i_B)]\mid 1\leqslant i_A\leqslant L_A;1\leqslant i_B\leqslant L_B;\text{s.t}:A(1,i_A)-B(1,i_B)=y(1,i_y)\}$

$A(1,i_A)-B(1,i_B)\leqslant 0$ 时

$$
\begin{cases}
y(1,i_y)=0 \\
y(2,i_y)=\displaystyle\sum_{\Gamma_3}A(2,i_A)B(2,i_B)
\end{cases}
\qquad (5-18)
$$

式中　Γ_3——$\{[A(1,i_A),B(1,i_B)]\mid 1\leqslant i_A\leqslant L_A;1\leqslant i_B\leqslant L_B;\text{s.t}:A(1,i_A)\leqslant B(1,i_B)\}$

称 y 为 A 和 B 的初步离散卷差概率分布。与扩展卷和运算类似，y 在同一区间内可能会有多个值，需对式（5−17）和式（5−18）的计算结果

进行合并归纳，仍用离散概率分布 **A** 和 **B** 举例说明，离散化因子仍取 $\bar{C}=10$。

分析表 5-3 可知，$y(1,i_y)$ 中 $[0,10)$ 区间内有 3 个值，将同一区间内的 $y(1,i_v)$ 合并，合并后的离散概率分布见表 5-4。

表 5-3　　　　　原始概率分布及其初步离散卷差概率分布

原始概率分布	A	6	18	25	
		0.1	0.6	0.3	
	B	14	24	36	
		0.5	0.3	0.2	
初步离散卷差概率分布	y	0	4	11	1
		0.46	0.3	0.15	0.09

表 5-4　　　　　　　扩 展 卷 差 概 率 分 布

y'	1.52	11
	0.85	0.15

称 y' 为 **A** 与 **B** 的离散卷差概率分布，称以上运算为离散概率分布 **A** 与 **B** 的扩展卷差运算，计作 $y'=A \ominus B$。

3. 扩展交积运算

设离散概率分布 z 的长度为 L_z，构造如下运算

$$\begin{cases} z(1,i_z)=\min\left[A(1,i_A),B(1,i_B)\right] \\ z(2,i_z)=\sum_{\Gamma_4}A(2,i_A)B(2,i_B) \end{cases} \quad i_z=1,2,\cdots,L_z \quad (5-19)$$

式中　Γ_4——$\{[A(1,i_A),B(1,i_B)]\,|\,1\leqslant i_A\leqslant L_A;1\leqslant i_B\leqslant L_B;\text{s.t}:\min[A(1,i_A),B(1,i_B)]=z(1,i_z)\}$

称 z 为 **A** 和 **B** 的初步离散交积概率分布。与扩展卷和、卷差运算类似，$z(1,i_z)$ 在同一区间内也可能会有多个值，需对式（5-19）的计算结果进行合并归纳，仍用离散概率分布 **A** 和 **B** 举例说明，离散化因子仍取 $\bar{C}=10$。

分析表 5-5 可知，$z(1,i_z)$ 中 $[10,20)$ 区间内有 2 个值，$[20,30)$ 区间内有 2 个值，将同一区间内的 $y(1,i_y)$ 合并，合并后的离散概率分布见表 5-6。

表 5-5　　　　　　　原始概率分布及其初步离散交积概率分布

原始概率分布	A	6	18	25		
		0.1	0.6	0.3		
	B	14	24	36		
		0.5	0.3	0.2		
初步离散交积概率分布	z	6	14	18	24	25
		0.1	0.45	0.3	0.09	0.06

表 5-6　　　　　　　　　扩展交积概率分布

z'	6	15.6	24.4
	0.1	0.75	0.15

称 z' 为 A 与 B 的离散交积概率分布，称以上运算为离散概率分布 A 与 B 的扩展交积运算，记作 $z' = A \odot B$。

4. 离散概率分布的期望值

已知离散概率分布 A，$i_A = 1, 2, \cdots, L_A$，定义该概率分布的期望值为

$$E_A = \sum_{i_A=1}^{L_A} A(1, i_A) A(2, i_A) \tag{5-20}$$

离散概率分布的期望值具有明确的物理意义，可以用来表示某些实际的物理量。例如，一定时间段内负荷数据的概率分布期望值可表示该时间段内的平均负荷，风电出力的概率分布期望值可表示平均风电出力。

5.1.3.3　扩展序列运算的物理意义

离散概率分布进行三种扩展序列运算，可用来表示离散随机变量之间的相互运算，假设进行扩展序列运算的两个离散概率分布所代表的随机事件是相互独立的，扩展序列运算具有明确的物理意义。

1. 离散概率分布进行扩展卷和运算的物理意义

离散概率分布进行扩展卷和运算实际上表示计算两个相互独立的一维离散型随机变量之和的概率分布。

2. 离散概率分布进行扩展卷差运算的物理意义

当 $A(1, i_A) - B(1, i_B) > 0$ 时，表示 A 所表示的离散随机变量取值与 B 所表示的离散随机变量取值之差的概率分布。当 $A(1, i_A) - B(1, i_B) \leqslant 0$ 时，表明所有 A 所表示的离散随机变量取值小于等于 B 所表示的离散随机变量取

值的概率之和。换言之，A、B 所表示的两个随机变量之差中的负值部分均被合并到 $y(1, i_y) = 0$ 这一点上。上述处理方法具有深刻的实际应用背景，在电力系统中常常会遇到类似于两个随机变量之差的运算，但是由于电力系统中的物理量（发电机出力、负荷等）不可能为负，因此，有必要将 $A(1, i_A) - B(1, i_B) \leqslant 0$ 时的情况统一归并到 $y(1, i_y) = 0$ 处，以表示负荷已被完全满足的情况。

3. 离散概率分布进行扩展交积运算的物理意义

离散概率分布进行扩展交积运算实际上表示计算两个相互独立的一维离散型随机变量较小值的概率分布。

5.2 基于扩展序列运算的随机生产模拟

采用随机生产模拟快速计算电力系统新能源消纳能力是电网调度运行人员关注的热点。现有的随机生产模拟计算结果都以电力系统可靠性指标和生产成本指标为主，无法直接计算系统的新能源消纳能力，且计算量大，计算速度慢。本节通过建立新能源发电出力和消纳空间的离散概率分布，提出了基于扩展序列运算快速计算新能源消纳能力的方法，并通过建立常规机组的停运容量概率模型，快速计算系统可靠性指标。

5.2.1 随机生产模拟快速计算新能源消纳能力

5.2.1.1 新能源消纳能力快速计算原理

对于内部无网络约束的系统，负荷与常规机组最小技术出力之间的系统调节空间，即理论上的新能源发电最大消纳空间。新能源理论发电出力小于消纳空间的部分，即新能源消纳电量，新能源理论发电出力超出最大消纳空间的部分，即新能源限电量，如图 5-2 所示。电力系统新能源消纳能力主要受负荷规模及峰谷差、常规机组调节能力、新能源发电出力等因素影响。使用负荷减去系统调节能力下限求得消纳空间，再使用新能源理论发电出力减去消纳空间计算新能源限电量，是分析系统消纳能力的基本思路，但现有方法多使用参数瞬时值和平均值，或典型日负荷进行计算，不能反映新能源发电出力和负荷的随机性、波动性，若要得到更准确可信的结果，应使用新能源发电出力和消纳空间的概率模型进行计算。

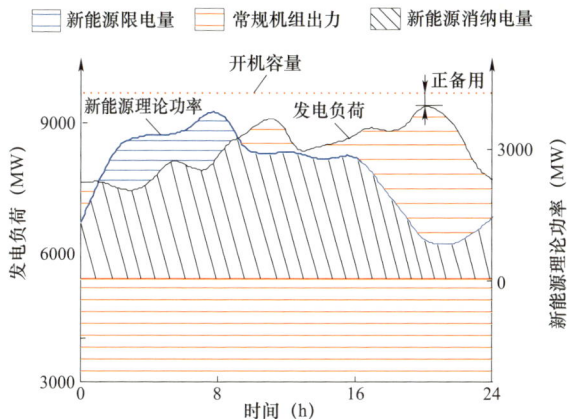

图 5-2　新能源消纳空间示意图

　　新能源限电功率是新能源理论可发电功率与消纳空间的差值（差值小于 0 不限电）。某时刻新能源消纳功率，是新能源理论可发电功率与消纳空间的较小值。若新能源发电出力与消纳空间无相关性，则计算新能源限电功率的概率分布，实际上就是计算新能源发电出力和消纳空间两个随机变量差值的概率分布，这与扩展卷差运算的物理意义相符。计算新能源消纳电力功率的概率分布，实际上就是计算新能源发电出力和消纳空间两个随机变量较小值的概率分布，这与扩展交积运算的物理意义相符。

　　此外，常规机组最小技术出力对新能源消纳空间的影响很大。常规燃煤机组的调峰深度一般为装机容量的 50%，供暖期供热机组的调峰深度仅为装机容量的 15%～25%，供暖期❶和非供暖期的常规机组最小技术出力相差较大，导致新能源消纳空间的概率分布特性差异较大。因此必须将研究周期按供暖期和非供暖期分段，分别建模并进行随机生产模拟。

　　当系统中有光伏发电时，由于光伏发电出力具有昼夜间隙性，夜间无光伏，还需昼夜分段分别进行随机生产模拟。

---

❶ 我国北方地区冬季采用集中供暖，供暖开始时间一般为 11 月 1 日至次年 3 月 31 日，因气温等特殊情况，各地政府可以动态调整供暖开始、结束时间。一年中不集中供暖的时间通称为非供暖期。根据供热量的大小，供暖期又可分为供暖初期、中期、末期，一般来说初期和末期气温未达到很低的情况，供热量小，中期气温达到最低，供热量大，详细情况由各地供热公司确定。

将每段基于扩展序列运算随机生产模拟得到的新能源限电量和消纳电量求和，即可得到全时段（年）的新能源消纳电量和限电量等指标，模型框架如图5-3所示。

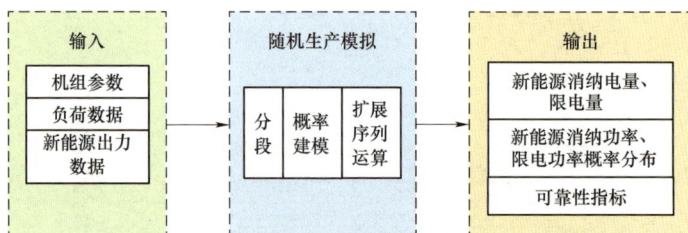

图5-3 随机生产模拟模型框架示意图

当系统中的新能源装机既含风力发申，又含光伏发电时，电网可优先消纳风电，也可优先消纳光伏，或按理论功率比例消纳风电和光伏，本书以优先消纳风电为例，说明随机生产模拟计算新能源消纳能力的方法。

5.2.1.2 新能源发电出力与消纳空间的相关性研究

新能源资源受热力、动力等多重物理效应交互耦合影响，其输出功率呈强随机波动性。而新能源消纳空间主要受系统调节能力、负荷规模、峰谷差和系统备用等因素影响，从理论分析可知，新能源发电出力与消纳空间无相关性。当新能源发电出力与消纳空间无相关性时，才能开展基于扩展序列运算的随机生产模拟。

为了验证新能源发电出力与消纳空间无相关性，此处使用2016年"三北"地区10个风电装机较大的省份以及4个光伏装机较大的省份数据，统计分析新能源发电出力与消纳空间的皮尔森相关系数，计算结果见表5-7和表5-8。由计算结果可知，我国风电出力与消纳空间相关性系数绝对值低于0.2，光伏发电出力与新能源消纳空间的相关系数不超过0.3，新能源发电出力与消纳空间基本不相关。

表5-7　　　　　　　　　风电出力与消纳空间相关系数

省（地区）	陕西	甘肃	青海	宁夏	新疆	京津冀	蒙东	辽宁	吉林	黑龙江
风电与消纳空间相关性系数	-0.04	0.19	0.03	-0.12	0.03	0.08	0.18	-0.17	-0.02	0.19

表 5-8　　　　　　　　　光伏发电出力与消纳空间相关系数

省（自治区）	陕西	甘肃	宁夏	新疆
光伏与消纳空间相关性系数	0.16	0.3	0.17	0.04

5.2.1.3　新能源发电出力与消纳空间概率建模

1. 风电出力的离散概率分布

风电出力波动性大、随机性强，其发电出力在 0 到额定发电出力之间，采用前文所述方法对风电出力进行概率建模。

取离散化因子 $\bar{C}$（根据数据计算需要取值），将风电理论功率在其变化范围内分区，分别统计各离散化区间风电理论功率出现的频率，作为对风电理论功率落入该离散化区间概率的估计值，并计算落入每个区间内所有风电理论功率数据的期望值。

2. 光伏发电出力的离散概率分布

与风电类似，光伏发电出力也具有显著的随机性和波动性，且光伏发电具有昼夜间歇性，需昼夜分段研究。日间光伏发电出力在 0 到额定发电出力之间波动，概率建模方法与风电相同，夜间的光伏发电出力为 0，无须进行概率建模。

3. 新能源消纳空间概率分布的计算

（1）方法概述。新能源消纳空间的概率密度曲线尚未有统一定论，本节基于新能源理论发电出力、负荷和机组的运行数据，采用概率统计计算消纳空间离散概率分布。若将每个时刻的负荷功率减去对应时刻的常规机组最小发电出力得到全时段消纳空间时序数据，再使用统计方法求得其概率分布，由于负荷功率的波动性和不确定性，需使用多年历史数据多次模拟计算，才能较为准确地求得新能源消纳空间的概率分布。此处使用负荷功率和常规机组最小发电出力的概率分布进行扩展序列运算，计算消纳空间离散概率分布。

将新能源发电出力纳入常规机组开机计划后，常规机组根据开机周期（日、周等）内的最大等效负荷制定机组组合，同一开机周期内，机组一般不启停，最小技术出力为定值。负荷功率和常规机组最小技术出力两个变量对消纳空间的影响具有一定的关联性和相互约束性，因此，需使用两者的联合概率分布计算消纳空间。

（2）消纳空间概率分布的计算。

1）制定常规机组开机方式，计算最小技术出力。考虑预测误差的新能源可信功率满足

$$
\begin{aligned}
C_{new}(t) &= C_w(t) + C_{pv}(t) \\
&= \max[P_w(t) - I_w(t)\delta_w, 0] + \max[P_{pv}(t) - I_{pv}(t)\delta_{pv}, 0]
\end{aligned}
\tag{5-21}
$$

式中　$C_{new}(t)$、$C_w(t)$ 和 $C_{pv}(t)$ ——t 时刻新能源、风电和光伏可信功率，MW；

$\quad\quad\quad P_w(t)$ 和 $P_{pv}(t)$ ——t 时刻的风电、光伏发电预测值，MW；

$\quad\quad\quad I_w(t)$ 和 $I_{pv}(t)$ ——t 时刻的风电、光伏装机容量，MW；

$\quad\quad\quad \delta_w$ 和 δ_{pv} ——风电和光伏发电预测误差，%。

则 $C_{new}(t)$ 参与常规机组开机电力平衡后的等效负荷 $P_{eql}(t)$ 满足

$$
P_{eql}(t) = P_l(t) - C_{new}(t)
\tag{5-22}
$$

式中　$P_l(t)$——t 时刻的电网发电功率，MW。

常规机组根据开机周期内的最大等效负荷和系统备用需求，制定机组组合和开机方式，并优先安排调节能力强、容量大的机组开机。机组组合确定后，开机周期内的最小技术出力也随之确定。依次求出每个开机周期的常规机组最小技术出力 $s_{min}(n)$，$n = 1, 2, \cdots, N_s$，N_s 为计算时段内的开机周期总数。

2）求最大负荷与常规机组最小技术出力的离散联合概率分布。令随机变量 $l_m(n)$ 为第 n 个开机周期内最大负荷，使用求出的数据计算 l_m 和 s_{min} 的离散联合概率分布 $F(l_m, s_{min})$。令 $P(p_{1i}, p_{2j})$ 表示 $F(l_m, s_{min})$ 中，日最大负荷取值在 p_{1i} 附近，且常规机组最小发电出力取值在 p_{2j} 附近的概率，$i = 1, 2, \cdots, m_1$，$j = 1, 2, \cdots, m_2$，即

$$
\begin{aligned}
P(p_{1i}, p_{2j}) &= P\left(l_m \approx p_{1i}, s_{min} \approx p_{2j}\right) \\
&= P(s_{min} \approx p_{2j}) P\left(l_m \approx p_{1i} \mid s_{min} \approx p_{2j}\right) \\
&= P\left(l_m \approx p_{1i}\right) P\left(s_{min} \approx p_{2j} \mid l_m \approx p_{1i}\right)
\end{aligned}
\tag{5-23}
$$

3）求最大负荷与负荷的联合概率分布。同一开机周期内的最大负荷与

负荷存在较强相关性。令随机变量 l_m 和 l 分别为同一开机周期内最大负荷和负荷，计算 l_m 和 l 的离散联合概率分布 $F(l_m, l)$。

4）求消纳空间概率分布。由 2）、3）中的联合概率分布 $F(l_m, s_{\min})$ 和 $F(l_m, l)$ 可知，每个开机周期最大负荷的离散值 p_{1i}，都对应一个常规机组最小发电出力的离散概率分布 $S_{\min, i}$ 和一个负荷的离散概率分布 L_i。

由上文分析可知，新能源消纳空间是负荷与常规机组最小发电出力的差值，则计算 p_{1i} 对应的新能源消纳空间的离散概率分布 A_i，即为计算 L_i 和 $S_{\min, i}$ 所表示的离散随机变量差的概率分布，这与扩展卷差运算的物理意义相符

$$A_i = L_i \ominus S_{\min, i} \qquad (5-24)$$

依次求出每个开机周期最大负荷离散值 $p_{1i}(i=1,2,\cdots,m_1)$ 对应的消纳空间离散概率分布 $A_1, A_2, \cdots, A_{m1}$，即可得到最大负荷与消纳空间的离散联合概率分布，归并后，可得到新能源消纳空间的二维离散概率分布 A。

5.2.1.4　计算限电功率和剩余消纳空间

如前文所述，新能源限电功率是新能源理论可发电功率与消纳空间的差值（差值小于 0 不限电）。计算新能源限电功率的概率分布，实际上就是计算新能源发电出力和消纳空间两个随机变量差值的概率分布，这与扩展卷差运算的物理意义相符。

若新能源消纳空间不为 0，优先消纳风电。风电出力小于等于新能源消纳空间时，风电无限电，风电出力大于消纳空间时，风电限电。设风电离散概率分布为 g_w，长度为 N_w，消纳空间概率分布为 g_a，长度为 N_a。风电理论功率值与消纳空间功率值所有可能的组合数为 $N_w \cdot N_a$，若任一组合 $[g_w(1,i_w), g_a(1,i_a)]$，其中，$1 \leqslant i_w \leqslant N_w$，$1 \leqslant i_a \leqslant N_a$，此组合的风电限电功率为

$$y_w(1,i_{y_w}) = \begin{cases} g_w(1,i_w) - g_a(1,i_a) & g_w(1,i_w) > g_a(1,i_a) \\ 0 & g_w(1,i_w) \leqslant g_a(1,i_a) \end{cases} \qquad (5-25)$$

此组合的概率为

$$y_w(2,i_{y_w}) = g_w(2,i_w)g_a(2,i_a) \qquad (5-26)$$

依次求出每种组合的风电限电功率及概率，并将同一离散化区间内的

风电限电功率进行合并，即可得到风电限电功率离散概率分布 y_w，表示为

$$y_w = g_w \ominus g_a \qquad (5-27)$$

计算周期内的风电限电量 E_{q_w} 是风电限电功率的积分，满足

$$E_{q_w} = TE_{y_w} = T \sum_{i_{y_w}=1}^{N_{y_w}} y_w(1,i_{y_w}) y(2,i_{y_w}) \qquad (5-28)$$

式中　T——计算周期内的总小时数；

E_{y_w}——风电限电功率概率分布 y_w 的期望值。

风电全额消纳后的剩余消纳空间是新能源消纳空间超出风电理论功率的部分，对任一组合 $[g_w(1,i_w), g_a(1,i_a)]$，剩余消纳空间的功率值为

$$z_1(1,i_{z_1}) = \begin{cases} g_a(1,i_a) - g_w(1,i_w) & g_a(1,i_a) > g_w(1,i_w) \\ 0 & g_a(1,i_a) \leqslant g_w(1,i_w) \end{cases} \qquad (5-29)$$

此组合的概率为

$$z_1(2,i_{z_1}) = g_w(2,i_w) g_a(2,i_a) \qquad (5-30)$$

依次求出每种组合的剩余消纳空间功率及概率，并将同一离散化区间内的剩余消纳空间功率合并，即可得到剩余消纳空间功率的离散概率分布，表示为

$$z_1 = g_a \ominus g_w \qquad (5-31)$$

优先消纳风电后，再进行光伏的消纳。设光伏理论发电功率离散概率分布 g_{pv} 的长度为 N_{pv}，剩余消纳空间离散概率分布 z_1 的长度为 N_{z_1}，对剩余消纳空间与光伏理论功率的某一组合 $[g_{pv}(1,i_{pv}), z_1(1,i_{z_1})]$，$1 \leqslant i_{pv} \leqslant N_{pv}$，$1 \leqslant i_{z_1} \leqslant N_{z_1}$，该组合的光伏限电功率 $y_{pv}(1,i_{y_{pv}})$ 满足

$$y_{pv}(1,i_{y_{pv}}) = \begin{cases} g_{pv}(1,i_{pv}) - z_1(1,i_{z_1}) & g_{pv}(1,i_{pv}) > z_1(1,i_{z_1}) \\ 0 & g_{pv}(1,i_{pv}) \leqslant z_1(1,i_{z_1}) \end{cases} \qquad (5-32)$$

此组合的概率为

$$y_{pv}(2,i_{y_{pv}}) = g_{pv}(2,i_{pv}) z_1(2,i_{z_1}) \qquad (5-33)$$

依次求出每种组合的光伏限电功率及概率，并将同一离散化区间内的光伏限电功率进行合并，即可得到光伏限电功率离散概率分布 y_{pv}，表示为

$$y_{pv} = g_{pv} \ominus z_1 \qquad (5-34)$$

计算周期内的光伏限电量 $E_{q_{pv}}$ 是光伏限电功率的积分，满足

$$E_{q_{pv}} = TE_{y_{pv}} = T\sum_{i_{y_{pv}}=1}^{N_{y_{pv}}} y_{pv}(1,i_{y_{pv}})y(2,i_{y_{pv}}) \tag{5-35}$$

式中　　$E_{y_{pv}}$——光伏限电功率概率分布 y_{pv} 的期望值。

5.2.1.5　计算新能源消纳能力

计算新能源消纳功率的概率分布，实际上就是计算新能源发电出力和消纳空间两个随机变量较小值的概率分布，这与扩展交积运算的物理意义相符。

对任一组合 $[g_w(1,i_w),g_a(1,i_a)]$，由于风电消纳功率只能是风电功率值和消纳空间功率值中的较小值，所以此组合的风电消纳功率 $x_w(1,i_{x_w})$ 满足

$$x_w(1,i_{x_w}) = \min[g_w(1,i_w),g_a(1,i_a)] \tag{5-36}$$

此组合的概率为

$$x_w(2,i_{x_w}) = g_w(2,i_w)g_a(2,i_a) \tag{5-37}$$

依次求出每种组合的风电消纳功率值及其概率，并将同一离散化区间内的风电消纳功率合并，即可得到风电的消纳功率概率分布，表示为

$$x_w = g_w \odot g_a \tag{5-38}$$

计算周期内的风电消纳电量 E_{j_w} 为

$$E_{j_w} = TE_{x_w} = T\sum_{i_{x_w}=1}^{N_{x_w}} x_w(1,i_{x_w})x_w(2,i_{x_w}) \tag{5-39}$$

式中　　E_{x_w}——风电消纳功率概率分布 x_w 的期望值。

同理，可得光伏消纳功率离散概率分布 x_{pv} 为

$$x_{pv} = g_{pv} \odot z_1 \tag{5-40}$$

计算时间段内的光伏消纳电量 $E_{j_{pv}}$ 为

$$E_{j_{pv}} = TE_{x_{pv}} = T\sum_{i_{x_{pv}}=1}^{N_{x_{pv}}} x_{pv}(1,i_{x_{pv}})x_{pv}(2,i_{x_{pv}}) \tag{5-41}$$

式中　　$E_{x_{pv}}$——光伏消纳功率离散概率分布 x_{pv} 的期望值。

5.2.2　随机生产模拟快速计算运行可靠性

5.2.2.1　发电系统可靠性指标

可靠性指标是评价电力系统的重要依据，考虑发电机组的强迫停运，建立常规机组的概率性随机停运模型，本节使用基于扩展序列运算的随机生产模拟计算系统的电力不足概率（loss of load probability，LOLP）和电量不足期望值（expected energy not supplied，EENS）。

1. 电力不足概率

电力不足概率即 P_{LOLP}，指系统有效发电容量不能满足负荷需要的时间概率。即

$$P_{\mathrm{LOLP}} = P(X > R) \qquad (5-42)$$

式中　X——停运容量，MW；

　　　R——系统备用容量，MW。

通常在工程上应用的不是概率指标（P_{LOLP}）而是期望值（E_{LOLE}），二者本质上一样，在很多文献上没有严格区分。其中，期望值（E_{LOLE}）具体表达式为

$$E_{\mathrm{LOLE}} = P_{\mathrm{LOLP}}T \qquad (5-43)$$

2. 电量不足期望值

电量不足期望值即 E_{EENS}，指电力系统由于机组强迫停运而引起的供电不足导致用户停电而损失的电量的期望值，用公式可以描述为

$$E_{\mathrm{EENS}} = T \sum_{X_i < 0} \left(|X_i| P_i \right) \qquad (5-44)$$

式中　P_i——供电裕度 X_i 的概率。

5.2.2.2　常规机组的可靠性模型

当发电机组因随机故障面临被迫停运时，系统以一定概率失掉该机组的发电容量。在可靠性研究中，以停运容量作为随机变量 X。常规机组的可靠性模型是指机组容量状态的离散概率分布。

此处考虑发电机组的运行和故障（恢复）两种状态，建立机组的两状态可靠性模型。假设系统中共有 Q 台常规机组，第 q 台机组（$q = 1, 2, \cdots, Q$）的容量和强迫停运率分别为 C_q 和 F_q。则第 q 台机组的停运容量离散概率

分布 X_q 为

$$X_q(1, j) = \begin{cases} 0 & j = 1 \\ C_q & j = 2 \end{cases} \qquad （5-45）$$

$$X_q(2, j) = \begin{cases} 1 - F_q & j = 1 \\ F_q & j = 2 \end{cases} \qquad （5-46）$$

第 q 台机组的停运容量离散概率分布如图 5-4 所示。

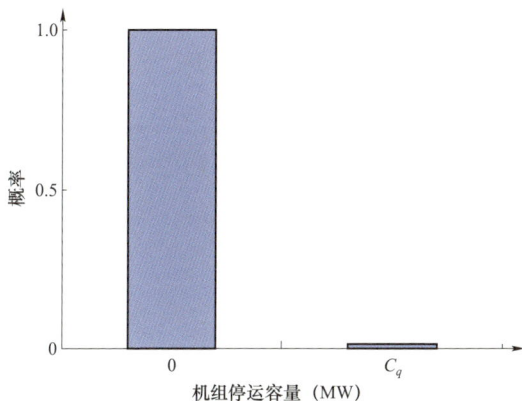

图 5-4　单台机组停运容量的离散概率分布

5.2.2.3　可靠性指标计算

目前，大量文献集中在对发电系统规划阶段可靠性的计算上，考虑发电机组的随机故障，依次安排完系统内所有常规机组后，计算系统的电力不足概率和电量不足期望值，此处考虑日内投运常规机组的强迫停运，介绍计算电力系统运行阶段 P_{LOLP} 和 E_{EENS} 的方法，对日内未计划投运的机组不纳入可靠性指标计算范畴。

对含新能源的电力系统，系统优先消纳新能源。消纳新能源后的净负荷，需常规机组提供发电出力。定义某日某一时刻的负荷与新能源发电出力的差值为该时刻的净负荷，即

$$L_{\text{pl}}(t) = L_1(t) - P_{\text{new}}(t) \qquad （5-47）$$

则该时刻的实际备用容量 $R(t)$ 为投运常规机组的最大发电出力 $P_{\text{max}}(t)$ 与净负荷的差值，即

$$R(t) = P_{\max}(t) - L_{pl}(t) \qquad\qquad (5-48)$$

当投运机组的随机停运容量大于实时备用容量时，系统供电不足。

实际运行中，调度部门在日前根据每日最大等效负荷和系统正备用容量需求安排发电计划，确定次日的机组组合，未计划投运的机组不能参与运行可靠性计算。投运机组的类型和数量直接影响可靠性指标的计算，机组组合由日最大等效负荷和系统正备用决定，而全年的系统备用一般是不变的，则机组组合由日最大等效负荷决定。

电力系统运行可靠性指标计算方法如下：

（1）计算每日最大等效负荷。

（2）选取系统中容量最小的一台发电机组的容量 $C_{\min}$ 为离散化因子，计算每日最大等效负荷的离散概率分布 L_{eqm}。某省非供暖期的日最大等效负荷离散概率分布如图 5-5 所示。

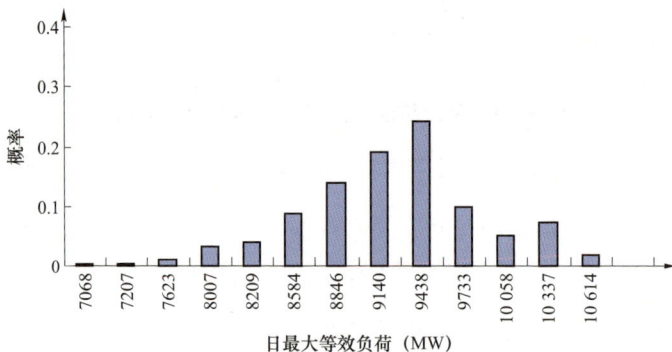

图 5-5　日最大等效负荷离散概率分布

（3）计算日最大等效负荷离散概率分布中 $L_{eqm}(1,k),k=1,2,\cdots,K$，对应的机组组合及其停运容量的概率分布。根据前文的开机策略，优先安排系统中调峰能力强、容量大的机组，直至所开机组满足负荷和备用需求。设 $L_{eqm}(1,k)$ 对应有 k_n 台机组开机，计算 k_n 台计划开机机组的总停运容量离散概率分布 X_k，就是计算 k_n 台机组停运容量之和的离散概率分布，这与扩展卷和运算的物理意义相符。则 $L_{eqm}(1,k)$ 对应的 k_n 台机组停运容量的离散概率分布 X_k，是单台机组停运容量离散概率分布连续卷和的结果

$$X_k = X_{k_1} \oplus X_{k_2} \oplus \cdots \oplus X_{k_i} \oplus \cdots \oplus X_{k_n} \qquad (5-49)$$

式中　　X_{k_i}——$L_{eqm}(1,k)$ 对应的机组组合中第 i 台机组的停运容量离散概率分布 ($i=1,2,\cdots,k_n$)。

（4）计算 $L_{eqm}(1,k)$ 对应的实际备用容量的离散概率分布 R_k。首先求 $L_{eqm}(1,k)$ 对应的实际备用容量的时序数据 $R(t)$，然后选取容量离散化因子 C_{min}，计算 R_k。

（5）计算 $L_{eqm}(1,k)$ 对应的可靠性指标。由分析可知，扩展卷差运算可计算两个离散随机变量差的概率分布，则 $L_{eqm}(1,k)$ 对应的所有开机机组的停运容量与实际备用容量之差的概率分布 B_k 可表示为

$$B_k = X_k \ominus R_k \qquad (5-50)$$

则 $L_{eqm}(1,k)$ 对应的电力不足概率 P_{LOLP_k} 和电量不足期望值 E_{EENS_k} 的计算式为

$$P_{LOLP_k} = \sum_{B_k(1,j)>0} B_k(2,j) \qquad (5-51)$$

$$E_{EENS_k} = T \sum_{B_k(1,j)>0} B_k(1,j) B_k(2,j) \qquad (5-52)$$

上二式中　　T——整个计算时段的小时数。

（6）求整个计算时段的可靠性指标。依次求出每个 $L_{eqm}(1,k)$ 对应的 P_{LOLP_k} 和 E_{EENS_k}，$k=1,2,\cdots,K$，则整个计算时段的电力不足概率 P_{LOLP} 和 E_{EENS} 的计算式为

$$P_{LOLP} = \sum_{k=1}^{K} P_{LOLP_k} L_{eqm}(2,k) \qquad (5-53)$$

$$E_{EENS} = \sum_{k=1}^{K} E_{EENS_k} L_{eqm}(2,k) \qquad (5-54)$$

5.3　基于新能源时间序列建模的随机生产模拟

本书第 2 章介绍了新能源时间序列建模方法，由于风电、光伏发电出力时间序列的生成具有随机性，若用模拟生成的一个风电、光伏发电出力时间序列场景进行时序生产模拟具有很大的随机性和不准确性，因此需要

建立大量的风电、光伏发电出力时间序列场景，进行多次时序生产模拟，并用多个计算结果的期望值对最终结果进行评估。

参考蒙特卡洛方法在评估电力系统可靠性方面的应用，可将其应用到随机生产模拟中。首先分别建立大量风电、光伏发电出力时间序列场景，然后对每个场景的风电、光伏发电出力序列进行时序生产模拟计算；在积累了足够数目的样本之后，对每次优化目标的结果进行统计。每个风电、光伏发电出力序列场景对应一个事件概率 $P(x)$，假定 $F(x)$ 是状态 x 的一次试验，试验结果的期望值为

$$E(F)=\sum_{x\in X}F(x)P(x) \tag{5-55}$$

试验函数 F 的期望值 $\hat{E}(F)$ 由式（5-56）估计

$$\hat{E}(F)=\frac{1}{N_S}\sum_{i=1}^{N_S}F(x_i) \tag{5-56}$$

式中 $\hat{E}(F)$ ——期望的估计值；

N_S ——场景总次数；

x_i——第 i 次的场景值；

$F(x_i)$ ——第 i 次场景值 x_i 的试验函数值。

由式（5-56）中可看出，$\hat{E}(F)$ 是 $E(F)$ 的多次场景的估计值，因此 $\hat{E}(F)$ 也是一个随机变量，其误差由它的方差决定

$$V[\hat{E}(F)]=V(F)/N_S \tag{5-57}$$

式中 $V(F)$ ——试验函数 F 的方差。

试验函数 F 的方差的估计值 $\hat{V}(F)$ 由式（5-58）估计

$$\hat{V}(F)=\frac{1}{N_S}\sum_{i=1}^{N_S}[F(x_i)-\hat{E}(F)]^2 \tag{5-58}$$

判断是否收敛的标准为：观察 $E(F)$ 的估计值 $\hat{E}(F)$ 的误差是否小于某一限定值，该误差一般采用方差系数 β 来表示

$$\beta=\frac{\sqrt{V\left[\hat{E}(F)\right]}}{\hat{E}(F)} \tag{5-59}$$

将式（5-58）代入式（5-59）可得

$$\beta = \frac{\sqrt{\sum_{i=1}^{N_s}\left[F(x_i)-\hat{E}(F)\right]^2}}{N_s\hat{E}(F)} \qquad (5-60)$$

式（5-60）表明当试验方差和期望值固定时，通过增加场景次数可以使估计值尽可能接近真实值，而且还可以看出，在精度已经确定的条件下，若想要减少场景次数，唯一的办法就是要尽量减小方差，因此提高蒙特卡洛法收敛速度的关键在于研究各种减小方差的办法。

由于新能源发电出力时间序列的不确定性，新能源电力系统的时序生产模拟需进行大量的场景计算，为了加快蒙特卡洛法收敛速度，一般地，需要基于新能源发电出力特性，对建立的新能源发电出力时间序列场景进行筛选，选择最有代表性的新能源发电出力场景开展计算。

基于新能源发电时间序列建模的随机生产模拟方法的计算流程为：

（1）输入传统机组的信息，包括所有火电机组的装机容量、爬坡率、最小启停机时间、最大最小技术出力，供热火电机组的供热参数、供热负荷等。

（2）输入归一化风电、光伏发电出力历史数据，风电、光伏装机容量，负荷历史数据，分别模拟生成一次时间长度为一年365天的风电、光伏发电出力场景、负荷场景。时间分辨率为1h或15min，由于负荷的规律性较强，因此负荷的场景数目较少，甚至可能为1。

（3）对于设定时间长度L周期内机组发电出力进行优化计算，得到机组的启停机方式及计划发电出力大小，L取值可为3天、7天等时间长度，计算的优化目标为新能源消纳能力最大。

（4）制定该周期内电网运行方式，计算电网新能源消纳电量和新能源限电量。

（5）将机组状态传递至下一周期，作为下一周期优化初始值，对时间长度区间[2, L+1]内机组发电出力进行优化计算使得电网新能源消纳能力最大。

（6）重复步骤（4）和步骤（5），滚动更新计算365次，判断全年365天模拟是否结束。如果结束，计算全年电网新能源消纳电量、限电量以及限电率。

（7）继续模拟抽样风电、光伏场景，并计算多个场景下新能源消纳电量、限电率的期望值，当新能源消纳电量或限电率的方差系数小于设定值时即完成计算，得到该年新能源消纳电量以及限电率的期望值。

整个计算流程如图5-6所示。

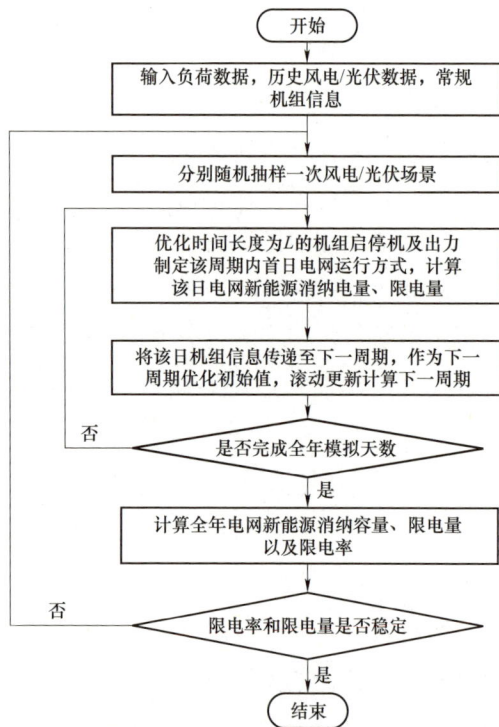

图5-6　基于新能源时间序列建模的随机生产模拟流程

第 6 章

新能源电力系统生产模拟软件

新能源发电大规模并网使得电力系统规划和优化运行更加复杂，电力系统生产模拟一方面需要构造新能源发电出力场景，另一方面需要开展大量场景优化计算，迫切需要相关软件工具。中国电力科学研究院新能源研究中心自 2006 年开始研究新能源生产模拟技术，经过多年的研究与实践，自主研发形成了一套新能源发电出力特性模拟及新能源电力系统生产模拟方法，并将研究成果固化为新能源生产模拟仿真软件（Renewable Energy Production Simulation Software，REPS），2017 年，软件版本已升级至 V1.3，REPS 主界面如图 6-1 所示。本章主要介绍该软件功能和操作流程。

图 6-1 REPS 主界面截图

生产模拟的相关软件和工具

电力生产模拟软件是电力系统优化规划和运行分析的重要工具，新能源发电大规模并网后，国内外相关研究机构和企业研发完善了相关的仿真工具。目前，具有代表性的电力系统生产模拟软件分析工具主要包括多区域生产模拟仿真软件（Multi Area Production Simulation，MAPS）、巴尔摩仿真模型（Balmorel）、能源规划软件（Energy PLAN）、威尔玛规划工具（WILMAR Planning Tool）、联合电力系统生产模拟软件（LPSP_ProS）和新能源生产模拟软件（REPS）。下述分别对各个软件基本情况及功能进行介绍。

6.1.1 软件和工具介绍

6.1.1.1 MAPS

MAPS 软件是美国 GE 公司开发的电力系统优化分析软件。该软件基于时序生产模拟仿真方法模拟电力系统及相关设备的运行，从而测算整体系统的运行成本以及各类设备的经济效益，主要用于指导电网和电源规划建设。MAPS 软件的一大优势是能够将电力系统机电暂态过程仿真分析软件（PSS/E）模型的网络拓扑结果导入软件，并对电网中各条线路、主变压器以及断面的输送能力进行设置，计算过程中考虑电网直流潮流，从而使仿真结果与实际运行尽可能的接近。MAPS 软件可用于计算单个独立电网的时序生产模拟仿真，同时也具备对多个互联电网进行模拟的功能。

MAPS 软件通过命令行操作的方式对电力系统进行建模，软件的输入包括电网、电源、负荷三类数据，具体参数包括风电、光伏发电出力、用电负荷、输电线路的阻抗参数、火电机组调节性能参数、燃料费用等。软件通过时序生产模拟开展案例计算，计算目标函数为建立系统的运行成本最低，计算结果输出数据包括火电机组开机方式、机组发电出力、新能源发电出力、节点边际电价、输电线路潮流等。由于 MAPS 数据配置采用文本配置方式，电网结构未能实现可视化操作，软件使用操作难度较大。

MAPS 软件用户包括独立系统运营商（ISO）、公用事业单位、区域输电组织（RTO）、咨询以及发电商等。测算结果可用于指导电网和电源的规划建设与运行。通过案例分析可发现影响电力传输的阻塞线路、计算电力系统的阻塞成本、核算输电线路的限额、测算相关电源、电网等设备投资的收益水平，计算结果也可用于评估调度操作行为的合理性。在可再生能源并网方面，MAPS 软件应用于美国多个地区的风电并网分析，包括大规模可再生能源并网后对电力系统运行灵活性的需求、电网输电能力需求研究，计算结果为市场机制建设、机组组合、线路潮流、温室气体排放等方面提供参考。

6.1.1.2 Balmorel

Balmorel 模型是在丹麦能源机构资助下，由波罗的海地区的电网运营商、高校和研究机构联合开发的电、热系统联合分析模型。Balmorel 模型关注风电并网的仿真分析，同时也可以分析生物质能电厂和天然气电厂的并网运行，主要用于解决能源系统中与经济和政策相关的问题，为当前能源系统寻找经济高效的调度或容量扩展方案。

Balmorel 模型计算数据以地理分区为基本单位，计算数据包括电源、电网、负荷运行相关的时序数据。模型以小时为步长进行全年仿真计算，优化目标为考虑约束条件的经济性最优，并考虑 SO_2 和 NO_x 排放成本。该模型计算结果同样以地理分区单位进行展示，计算结果包括各类电源逐时刻发电出力、运行成本等。

Balmorel 模型已经应用于丹麦、挪威、德国、爱沙尼亚和加拿大等国家的多个能源项目，分析结果为电力安全供应、风力发电发展规划、电力市场运行、电网规划以及绿色证书和污染物排放的市场化交易等提供参考。

6.1.1.3 EnergyPLAN

EnergyPLAN 软件是由丹麦奥尔堡大学可持续能源规划研究组开发的能源规划软件，软件最早始于 1999 年，先后开发了 10 余个版本，被超过1200 名研究人员使用。该工具的主要目的是通过模拟整个能源系统来协助设计国家或区域能源战略规划，分析对象包括热－电供应、交通运输和工业生产等方面。EnergyPLAN 在设计中优化了运算效率，优化计算可在几秒内完成。

EnergyPLAN 软件设计界面友好，输入数据以标签页的形式输入。输入数据包括能源需求、可再生能源、各类电站的装机容量、运行成本以及跨国间电力交换的管理策略，仿真过程中以小时为单位模拟能源系统的运行，分析对象包括电力、热力、制冷、工业和运输系统，输出数据是能源平衡约束下的年度能源生产、燃油消耗、电力进出口和总成本等。

EnergyPLAN 软件用户包括研究人员、咨询单位以及政策制定者等。该模型主要应用于爱沙尼亚、德国、波兰、西班牙、英国等国家，用于分析大规模风电并网、含可再生能源电力系统的联合运行、热电联产机组规划、综合能源系统以及本地能源市场、可持续发展的可再生能源策略等。

6.1.1.4　WILMAR Planning Tool

WILMAR Planning Tool 是由欧盟资助的 WILMAR 项目组成员共同开发的电力系统规划工具，第一版软件于 2006 年开发完成。WILMAR 模型中电源模型除常规水电和火电外，还包括热电机组和可再生能源发电，储能模型包括抽水蓄能、电池和压缩空气储能，区域供热需求以及电动汽车均可参与仿真计算。模型目前尚未考虑太阳能光热发电和地热发电。

WILMAR 由多个子工具和数据库组成，其功能嵌入在场景树工具（STT）和调度模型（SM）中。场景树工具的主要输入数据包括风速和/或风力发电数据、历史电力负荷数据、不同时间尺度风力发电预测和负荷预测精度、故障停运相关数据以及机组检修时间等。场景树工具为调度模型随机生成三类输入参数：

（1）有效时间超过 5min 的上旋转备用容量需求，以及 5min～36h 预测的替代备用数据。

（2）风力发电功率预测数据。

（3）负荷预测数据。

WILMAR Planning Tool 的调度模型是混合整数随机优化模型，优化目标是预期系统运行成本最小，其中成本包括燃料成本、启动成本、排放成本（CO_2 和 SO_2）、运维成本和相关税费等成本。WILMAR 通常使用小时作为仿真步长，模拟 1 年时间范围内的电力生产及运行情况。目前，WILMAR Planning Tool 已用来分析风电装机容量增加后对电力系统运行成本的影响、北欧地区风电并网对能源系统的影响、大规模风电接入后电锅炉和热泵运行模式、爱尔兰电网风电并网的影响、大规模风电并网后风电和负荷的随机性对电力系统调度运行的影响等。

6.1.1.5　LPSP_ProS

LPSP_ProS 是电力规划设计总院联合华中科技大学基于电力系统运行模拟软件（WHPS 2000）研发的新型多区域联合电力系统运行模拟软件。该软件从电力系统整体和运行实际出发，计及电力系统中各类电站的特点，优先利用系统中水电、风电等可再生绿色能源资源，在满足系统及分区电力平衡、电量平衡、调峰平衡的基础上，计算系统总发电成本最低或节能减排效果最佳场景下的各类电源装机规划。

LPSP_ProS 计算输入参数包括电力系统电源、电网、负荷运行数据，模拟电力系统全年逐月典型日各小时的发电调度方式（经济调度或节能发电调度），以确定各电站在系统日负荷曲线图上的最佳工作位置和工作容量。

该软件的主要用户为国内的电力设计院和经济技术研究院，用于研究目标水平年电力系统合理的电源装机容量以及电源在各分区间的分配，计算大型电站或电站群的电力电量分配，以及目标水平年分区间联络线输送容量与交换电力、电量等。

6.1.1.6　REPS

REPS 是中国电力科学研究院新能源研究中心自主研发的含新能源电力系统生产模拟仿真系统，该软件考虑新能源发电出力波动特性、时序特性和季节特性，以时序生产模拟和随机生产模拟为手段，模拟电网运行在一定边界条件下新能源在电力系统中的生产运行情况，可实现新能源年/月发电出力时间序列模拟、新能源消纳能力分析、电网运行方式优化、储能优化等。2018 年，该软件升级为最新版本 V1.3，同时仍在不断完善发展中。

该软件的主要用户为电网企业、经济技术研究院、高等院校和政府部门，已用于"三北"地区新能源消纳能力计算、联络线运行方式优化、需求侧响应优化、热 – 电联合优化、微电网优化规划、多能互补系统优化规划、柔性直流电网新能源发电装机容量优化等。

6.1.2 功能比较

从上述相关工具说明可知，电力系统生产模拟仿真工具一般基于用户的实际情况出发，欧美等发达国家由于建立了相对完善的电力市场化交易体系，风电、光伏发电通常参与电力市场竞价上网，因此在仿真工具中均针对市场体系建立仿真模型，优化目标为系统运行的整体经济性最优。而目前我国尚未建立完善的电力市场体系，风电、光伏发电主要依靠保障性收购机制，因此 LPSP_ProS 和 REPS 的仿真模型中均将风电、光伏发电作为优先发电序位，保障新能源的优先消纳。国内外同类仿真工具功能对比情况见表 6−1。

表 6−1　　　　　　国内外同类仿真工具功能对比

序号	软件名称	研发机构	研发时间	仿真对象	优化目标	仿真时间长度	计算步长
1	MAPS	通用电气（GE）	1970 年	电力系统	经济性最优	1 年	1h
2	Balmorel	波罗的海地区发电运营商、高校及研究机构联合开发	2000 年	电力系统部分热力系统	经济性最优	1 年	1h
3	EnergyPLAN	丹麦奥尔堡大学	1999 年	电力系统热力系统运输系统	经济性最优	最多50年	1h
4	WILMAR Planning Tool	丹麦里索可持续能源国家重点实验室	2006 年	电力系统部分热力系统部分运输系统	经济性最优	1 年	1h
5	LPSP_ProS	中国电力工程顾问集团公司、华中科技大学和北京洛斯达公司联合开发	2000 年	电力系统	节能优化调度	1 年	1h
6	REPS	中国电力科学研究院	2011 年	电力系统	新能源消纳最优/节能优化调度	3 个月~多年	15min/1h

6.2 REPS 软件架构

新能源电力系统生产模拟软件基于 JAVA 语言开发，软件底层架构设计是基于模型与视图分离的设计原则，即基于"改良的模型−视图−控制者（Model View Controller，MVC）结构"，充分考虑了 REPS 软件底层架构的可扩展性、可靠性、开放性、可定制化、性能等主要特征，对主要的功能进行精细的模块化分割。MVC 模式如图 6-2 所示，REPS 软件架构具有如下特征。

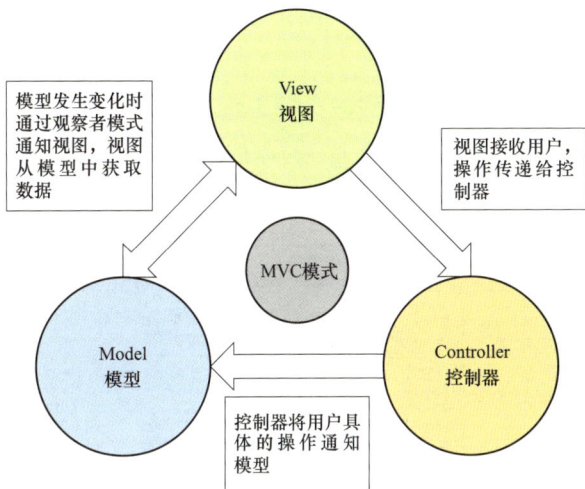

图 6-2　软件的 MVC 模式

可扩展性：通过提供标准的输入/输出接口和底层开发协议，并遵循多个行业标准，为用户的定制化开发提供高可扩展性。

可靠性：REPS 软件通过严谨的数据流控制，严格的数据校验和简单易懂的检查提示，为计算应用提供高可靠性数据输入。并通过严格的系统测试和多家专业机构的检测，保证了软件使用过程中的安全可靠稳定运行。

开放性：REPS 软件提供标准的输入输出接口和底层开发协议，高校或科研用户可以使用标准的 REPS 软件基础数据服务或自定义的数据服务，高效的组织自己的电力计算模型。并通过 REPS 软件的数据展示服务或自定义的数据展示服务来展示计算结果。REPS 软件的开放环境有助于与其他厂商的产品进行互联集成。

可定制化：REPS 软件使用定制模块化开发，优化计算模型和案例仿真数据可根据计算需求灵活配置，为按用户需求定制软件功能提供支持。

人机界面：REPS 软件通过对多年电力系统和用户使用习惯的研究，

将繁杂的数据录入转化为图形化界面操作，简化了用户数据录入，提高了录入效率。

性能：REPS 软件在设计之初就考虑了电力系统计算的复杂性，从底层大幅优化了计算性能，将一年时间长度的多区域时序生产模拟计算时间控制在了 30min 以内。

6.2.1　逻辑架构

REPS 软件的逻辑架构分成三个逻辑层次，即表象层、业务逻辑层和数据库持久层。每一个层次都含有多个逻辑元件，如界面服务层中包含基础数据、案例计算、结果展示和系统管理。逻辑架构如图 6-3 所示。

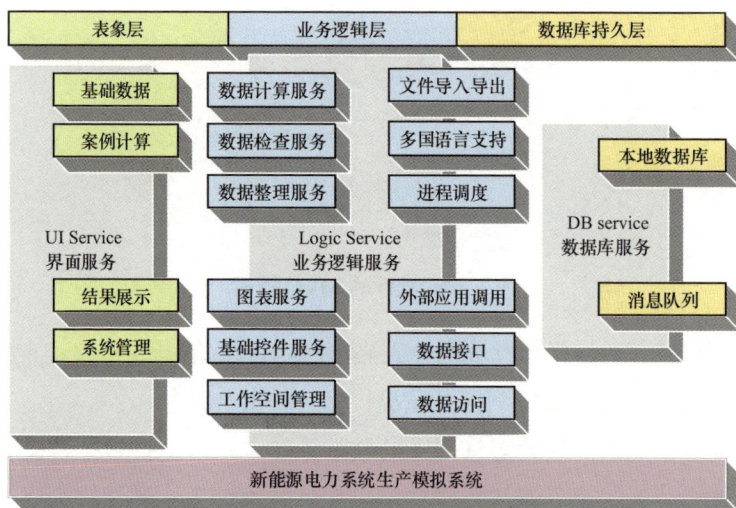

图 6-3　REPS 软件逻辑架构

6.2.1.1　表象层

实现更好地与客户交互，应用程序通常通过提供单一用户界面去完成与用户的交互，业务逻辑层与数据库持久层的引入，其实都是为了更好地为表象层服务。

REPS 软件的表象层使用 JAVA 的 Swing 框架开发，并基于 Swing 的基础组件封装了 REPS 软件的组件库。基于 Swing 的组件开发继承了 Swing 组件的轻量级、多窗口、平台无关、跨平台表现一致等特点。REPS 软件的轻量级组件保证了系统图形化界面的整体性能和功能可扩展性，多窗口模式便于用户处理复杂的数据流，平台无关性便于向各个平台中移植，跨平台表现一致性可以保证软件在各个平台中的风格统一。

外部应用的开发者可以使用 REPS 软件的表象层组件构建自己的数据输入输出，并保证表象层的风格与已有风格的统一。通过配置文件，开发者可以快速地将自己的表象层引入现有系统中来。外部应用的开发者可以基于现有系统开发应用，也可以使用 REPS 软件的框架组建自己的应用系统。

表象层主要包括基础数据、案例计算、结果展示、系统管理等模块，表象层是用户使用系统的唯一入口，用户可以借助表象层管理和展示 REPS 软件的基础数据、案例数据和计算结果等。

6.2.1.2　业务逻辑层

REPS 软件的业务逻辑层是系统架构中体现核心价值的部分。它的关注点主要集中在业务规则的制定、业务流程的实现等与业务需求有关的系统设计。业务逻辑层负责系统领域业务的处理，负责逻辑性数据的生成、处理及转换。对所输入的逻辑性数据的正确性及有效性负责。

REPS 软件的业务逻辑层处于数据访问层与表象层中间，起到了数据交换中承上启下的作用。由于层是一种弱耦合结构，层与层之间的依赖是向下的，底层对于上层而言是"无知"的，改变上层的设计对于其调用的底层而言没有任何影响。如果在分层设计时，遵循了面向接口设计的思想，那么这种向下的依赖也应该是一种弱依赖关系。因而在不改变接口定义的前提下，理想的分层式架构，应该是一个支持可抽取、可替换的"抽屉"式架构。正因为如此，REPS 软件的业务逻辑层对于一个支持可扩展的架构尤为关键，因为它扮演了两个不同的角色。对于数据访问层而言，它是调用者；对于表示层而言，它却是被调用者。

REPS 软件的业务逻辑层提供大量的公共处理逻辑，包括数据计算服务、数据检查服务、数据整理服务、图表服务、基础控件服务、工作空间管理、文件导入导出、多国语言支持、进程调度、外部应用调用、数据接口和数据库访问等。开发者使用 REPS 的业务逻辑层可以完成现有系统的所有功能。

6.2.1.3 数据库持久层

REPS 软件的数据库持久层是在业务逻辑层面上，专注于实现数据持久化的一个相对独立的领域。数据库持久层的引入降低了程序间代码的耦合度，降低了接口间调用的复杂性。REPS 软件的数据库持久层使用了 JAVA 数据库连接（JAVA database connectivity，JDBC），并对其进行了封装。通过框架自行开发的连接池等功能大幅优化了数据访问效率。目前可以支持 H2 文件型数据库和达梦数据库。

REPS 软件单机版目前使用 H2 文件型数据库，它是一种开源嵌入式的数据库，具有开源、短小、快速的优点。由于 H2 文件型数据库使用 JAVA 语言编写，因此不受平台限制，易于向其他平台系统移植。

数据库持久层实现了对数据实时存储、并发访问、压缩和加密处理，并通过技术手段对旧版本数据进行自动升级和更新，保证了数据的安全稳定可复用。

6.2.2 应用架构

REPS 软件的应用架构主要包含系统管理、用户交互、系统内部配置、数据访问接口几个部分。针对不同用户，系统提供多个子功能模块，不同用户所关注的功能有所不同。系统架构如图 6-4 所示。

（1）系统管理。系统管理层主要负责系统基础管理工作，包括工作空间管理、系统风格管理和工作模式管理几个模块。工作空间管理可以对系统工作空间进行操作，包括空间的导入和导出、创建和删除等。系统风格管理可以改变系统风格样式。工作模式管理包含单机工作模式和协同工作模式。

（2）用户交互。用户交互层主要包含系统数据的人机界面，包括基础数据、模型计算和数据展示子模块。基础数据模块主要针对新能源发电出力样本、常规电源、联络线、输电断面、负荷等几大类数据进行维护，还能够基于新能源年度发电量随机生成可用于消纳计算的新能源时序发电出力序列样本，并可以针对电网结构和电网所具有的电源进行配置。模型计算模块主要进行案例计算，包含单次案例计算，多案例顺序计算的批量计算功能和多机网络协同的协同计算功能。

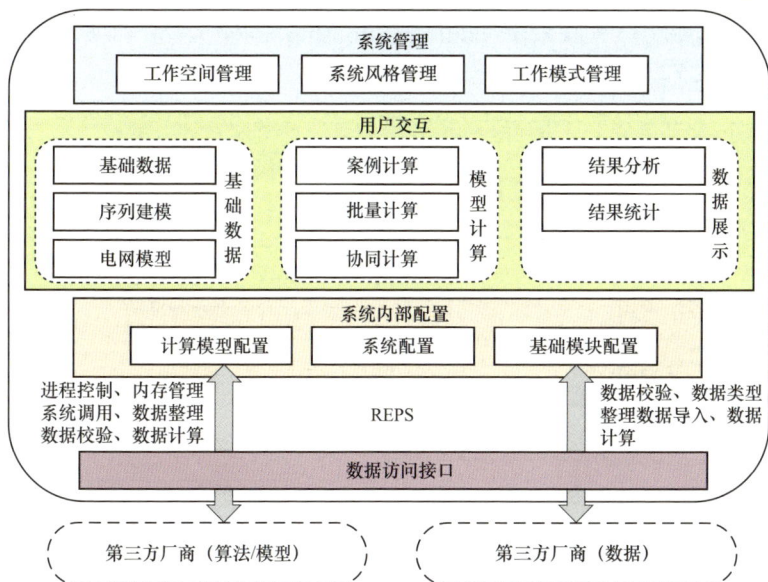

图 6-4　REPS 软件架构

（3）系统内部配置。系统内部配置主要用于配置系统的各种功能，如计算模型配置、基础模块配置和系统配置等。开发者可以使用这些配置根据用户的需求来定制软件所具有的模型、功能、系统语言等重要参数。

（4）数据访问接口。数据访问接口遵循多个行业标准，为第三方算法包和第三方数据提供集成解决方案。在数据访问接口层，REPS 软件还提供了包括进程控制、内存管理、数据校验、系统调用、数据导入等功能以实现第三方应用在系统中稳定运行。

（5）第三方厂商。REPS 提供标准化的调用接口，第三方厂商可以通过 REPS 软件提供的公共数据接口和框架开发协议完成产品的研发，并可以作为 REPS 软件的插件或功能扩展。

6.2.3　数据结构

REPS 软件使用关系型数据库，每一张数据表代表一种数据类型，各种数据通过外键与电网模型关联，电网数据与方式数据最终形成案例数据。REPS 软件在每个操作环节都保存了数据的更新履历，以保证更改基础数据后再次计算历史案例计算结果不会被改变。通过电网数据间的关系构建关系型数据库实体—联系图（entity relationship，E-R）。基础数据局部 E-R 图如图 6-5 所示。

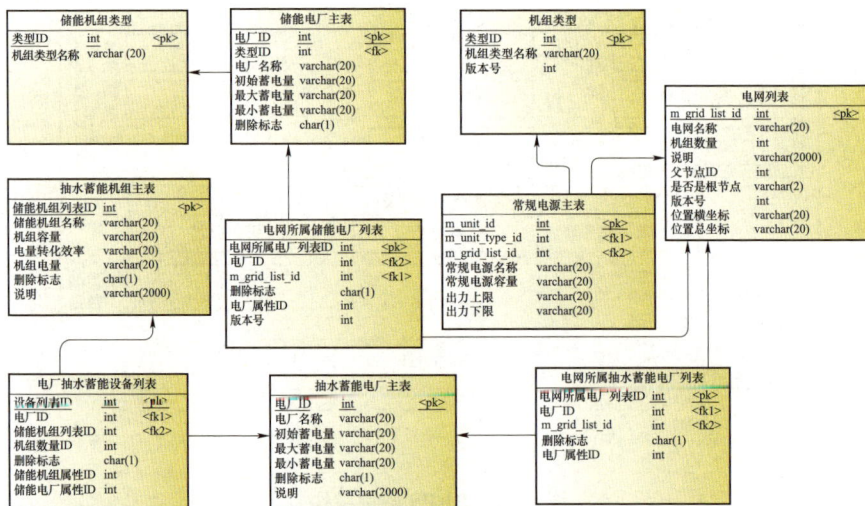

图 6-5　基础数据局部 E-R 图

　　基础数据部分包含新能源发电出力样本、常规电源、联络线、输电断面、负荷等几大类，并分别与电网关联。

　　电网结构使用树形数据结构。树形结构是非线性数据结构，可以表示数据表元素之间一对多的关系。树形结构具有易于扩展分支和子分支，并且易于查找和遍历各个节点数据的特点，它通过对每个节点存储个数的扩展，使得对连续的数据能够进行较快的定位和访问，有效减少查找时间，提高存储的空间局部性，从而减少输入/输出流（Input/Output，I/O）操作。

6.2.4　业务流程

　　新能源电力系统生产模拟软件在设计之初就充分考虑了用户的使用和操作习惯，制订了严谨的业务数据流，保证用户在数据准备、录入时按照因果关系逐级输入，提高了工作效率，并在界面和菜单的安排上与业务数据流程关联。

　　REPS 软件业务流程主要分为数据准备、优化计算、结果分析三个步骤，充分考虑了新能源发电出力的波动特性、时序特性和季节特性。业务流程如图 6-6 所示。

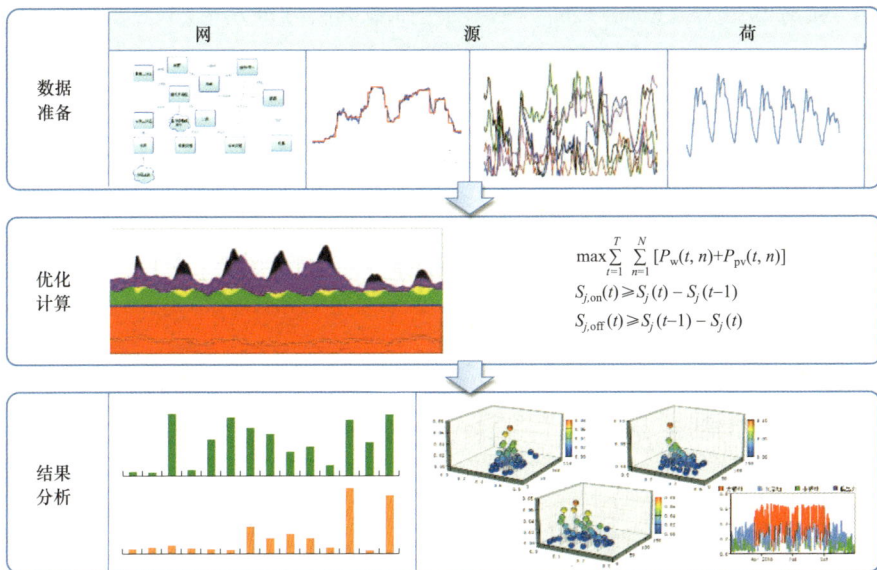

图 6-6　REPS 软件业务流程示意图

6.3　REPS 软件功能模块

REPS 软件主要包含基础数据、序列建模、电网模型、案例计算、批量计算、结果分析与协同计算 7 个功能模块，各功能模块详细情况如图 6-7 所示。

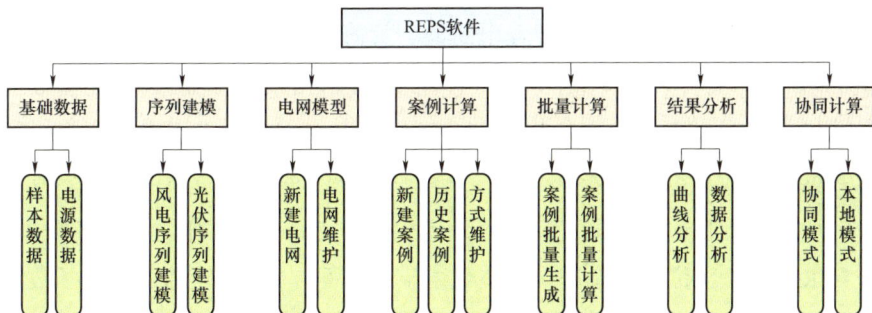

图 6-7　REPS 软件功能结构

6.3.1 基础数据

新能源电力系统时序生产模拟的基础数据管理涉及电源、电网、负荷等，案例计算时间长度通常为季度及以上，因为生产模拟计算所用数据均为时序数据（时间分辨率通常为 60min 或 15min），以风电样本数据管理为例，单个风电样本需要保存全年 35 040 个数据，如图 6-8 所示。案例涉及数据量巨大，海量数据的存储与管理是时序生产模拟仿真的关键。

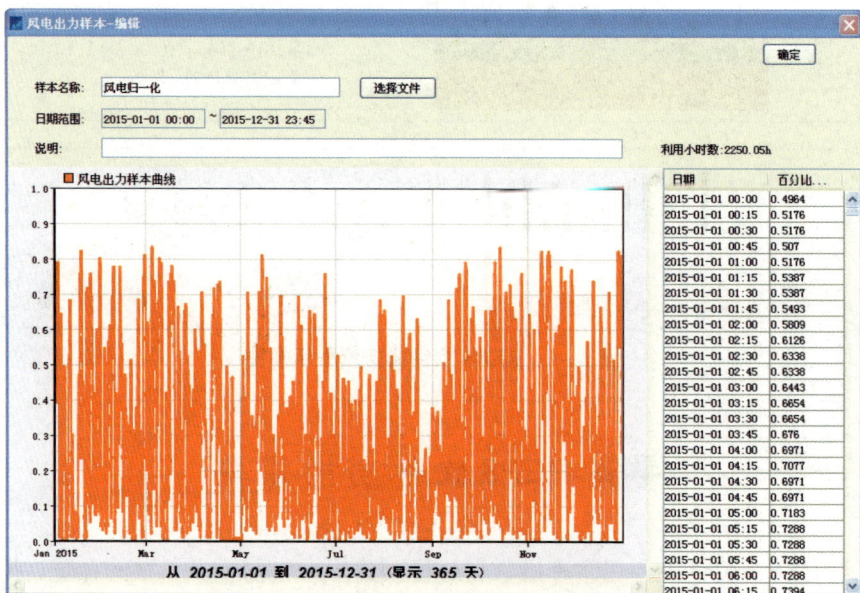

图 6-8　风电样本数据管理界面截图

REPS 软件对不同数据进行分类管理，将基础数据分为新能源发电出力样本、常规电源、联络线、输电断面、负荷等几大类。在数据导入方面，REPS 软件设计了 Excel 文件数据接口以及复制粘贴两种方式，简化了数据导入操作。通过 Excel 文件数据接口的导入方式，软件使用者需要将待导入数据整理成标准的 Excel 文本格式，通过导入的方式将所需数据导入软件；通过复制粘贴的方式，软件使用者仅需在 Excel 文件中选中所需数据，并在 REPS 相应位置粘贴即可。在数据导入方面，REPS 软件还设置了数据复制、填充功能，并将数据以图形化方式展示，便于用户对数据的管理。

在数据存储方面，REPS 软件建立了文件型数据，实现了系统内嵌数据库、数据库内存化、实时数据压缩、实时数据加密、低版本自动升级、支持标准 SQL 语言等功能。具有高效、稳定、多版本并发、兼容多平台的优点，并保障了数据库存储的高安全性。

6.3.2　序列建模

当前新能源发电预测技术水平下，仅能实现新能源年度电量预测，但时序生产模拟需要新能源的时序发电出力，新能源发电出力序列建模模块能够基于新能源年度发电量，随机生成可用于消纳计算的新能源时序发电出力序列，如图 6-9 所示。新能源发电出力序列建模模块基于已有的风电、光伏发电出力样本，分析风电、光伏的发电出力特性，并根据风电、光伏发电历史运行特性，随机生成可用于仿真计算的风电、光伏发电长时间出力序列。其随机生成的新能源发电出力序列，在波动特性、概率分布、年利用小时数等指标方面与样本数据可保持相同的特征。通过该功能可对随机建模的序列进行打分评价，根据评价得分结果对建模序列与源样本评价指标相似度进行排序，得分越高，表明统计指标与源样本越接近。

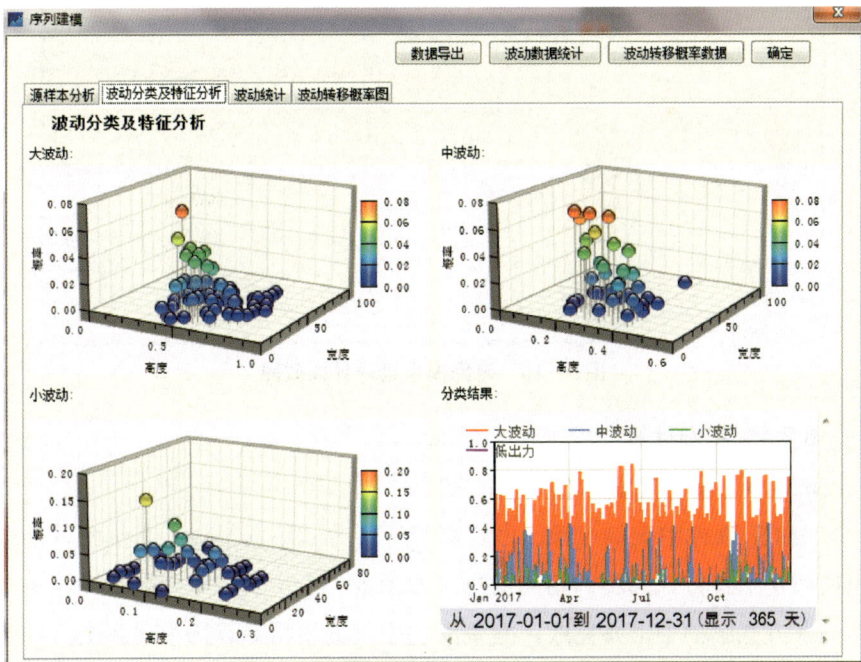

图 6-9　新能源发电出力序列建模界面截图

6.3.3 电网模型

电网模型管理模块基于待计算目标电网的分区情况，配置电源、省内断面（通常指新能源外送受阻断面）以及省间联络线（包含跨省、跨区的交直流联络线），构建用于时序生产模拟的电网模型。其中，在电源配置方面，在各分区分别选取具备的电源类型，并添加相应的机组台数；在省内断面配置方面，设定断面间的最大输电能力，当不同分区电网间双向功率流动限额不同时，可在"运行方式维护"功能模块中详细配置；在省间联络线配置方面，仅需给出联络线的名称，具体联络线功率在"运行方式维护"功能模块中详细配置。电网模型管理模块以图形化方式展示电网结构，如图6-10所示。

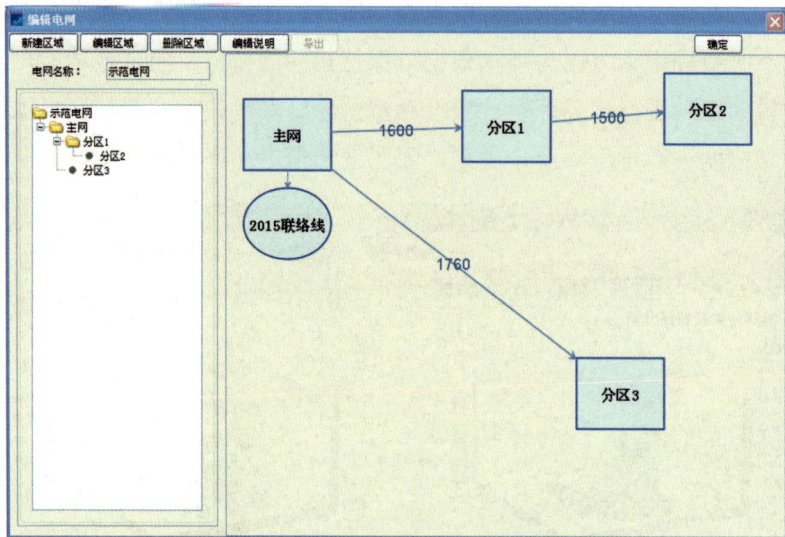

图6-10　电网模型管理界面截图

6.3.4 案例计算

6.3.4.1 案例配置

REPS软件中案例由源、网、荷等运行方式数据组成，案例配置功能模块用于配置待计算案例相关信息，如图6-11所示。案例配置的相关数据均在方式维护中准备完成，案例配置中仅需根据计算需求对各类方式数据进行搭配组合。在电源配置方面，需要配置的火电、水电及储能机组的运行方式；在电网配置方面，需要配置省内断面限额运行方式以及跨区联络线运行方式；在负荷配置方面，需要配置各分区计算时段内的负荷样本；此外，还需配置电力系统的旋转备用容量、新能源发电功率预测误差等参数。

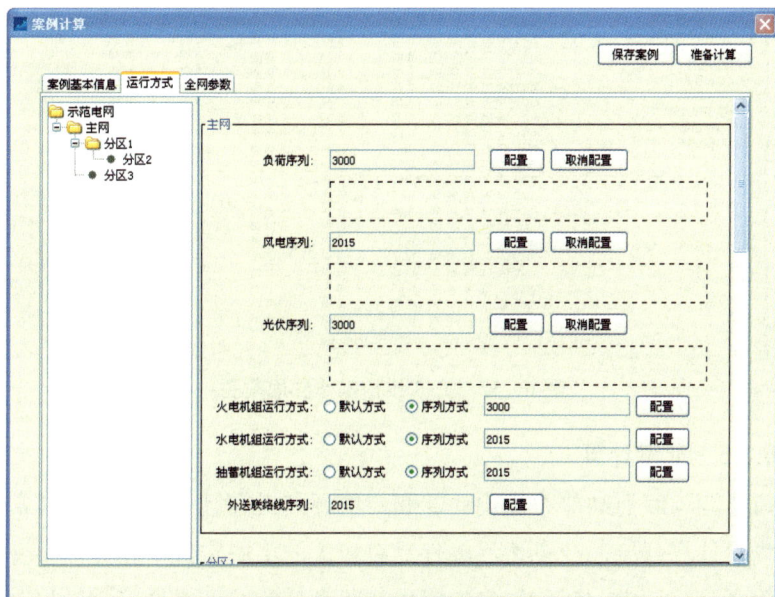

图6-11 案例配置界面截图

6.3.4.2 方式维护

方式维护功能模块用于管理与维护参与计算的方式数据，方式数据主要包括火电机组方式、水电机组方式、风电方式、光伏方式、输电断面限额方式、储能机组方式等。方式数据一般为逐时刻的时序数据，具体来看，火电、水电机组的方式数据包括机组发电出力的上/下限约束、开机台数约束（为保障电力系统稳定或冬季供暖期火电机组以热定电运行，一定数量的机组必须开机运行）以及发电量约束；风电、光伏方式数据包括逐月装机容量以及对应的风光电出力样本；输电断面限额方式指各分区间断面不同时段的输电能力限制；储能机组方式与火电机组方式类似。因为方式数据是时序数据，设备检修以及停运均可通过时序数据的设置来体现。方式维护如图6-12所示。

图 6-12 方式维护操作界面截图

6.3.5 批量计算

新能源年度消纳能力优化计算和新能源装机容量优化规划，通常针对未来场景计算开展，计算边界条件具有较大的不确定性，因此需要开展多种不同场景下的案例计算。案例批量生成与计算功能模块可有效提高批量案例计算的工作效率，如图 6-13 所示。首先，在案例批量生成方面，该模块可以根据计算需求，分别根据新能源装机、负荷、新能源发电出力样本等进行敏感性案例的批量生成；在案例批量计算中，可选择系统生成的批量案例或手动配置的多个案例，一次性提交多个案例组合进行批量计算，计算完成后软件将对案例进行保存并展示计算结果。

6.3.6 结果分析

结果分析功能模块针对案例计算结果提供了丰富的统计与展示方式，具体分为报表和图形化展示两类。其中，计算结果报表分为新能源计算结果、负荷计算结果、常规电源统计结果和综合统计结果，新能源统计数据主要包括发电量、限电量、限电率、利用小时数等，常规电源统计数据包括发电量、利用小时数等，所有报表均支持以年度或分月统计；图形化展示包括曲线展示和面积堆积图展示，其中，曲线展示将计算结果中的各类

图6-13 案例批量生成界面截图

发电出力数据（包括风电、光伏发电、火电、水电等），根据需求选择并以图形化方式展示，可用于分析各类电源发电的构成情况，如图6-14所示。

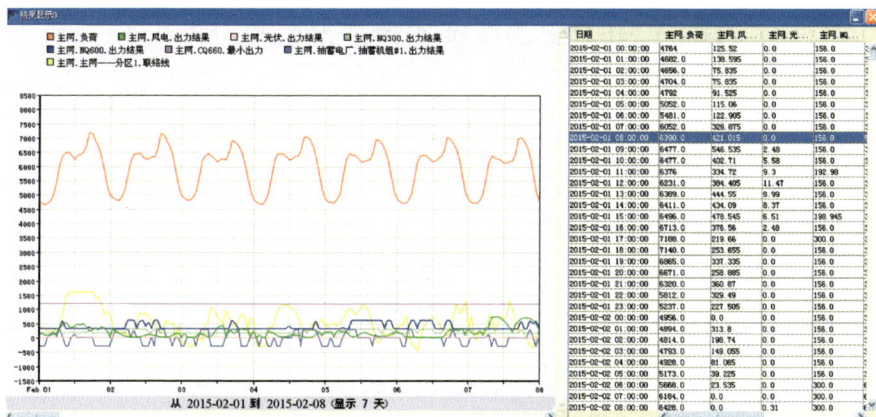

图6-14 案例结果分析和曲线展示界面截图

6.3.7 协同计算

考虑到不同等级电网计算过程中对边界条件管理及数据共享的需求，

REPS 软件还具备协同计算功能，可通过网络配置和连接组成协同计算管理系统，该功能通过本地使用模式和协同模式进行切换，实现与协同计算管理平台的连接和使用。协同计算运行模式如图 6-15 所示。通过协同计算模式，可实现多级电网的新能源消纳全局分析，针对薄弱环节提出相关优化措施。

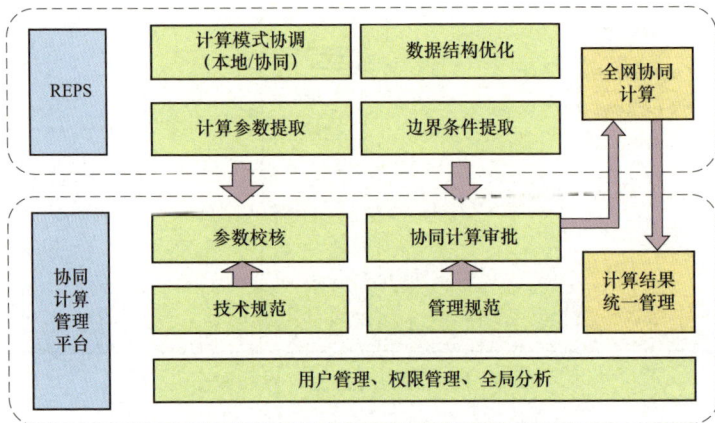

图 6-15　协同计算运行模式示意图

6.4　REPS 软件技术特点及性能指标

6.4.1　技术特点

REPS 软件解决了中长期新能源发电出力时间序列建模、长时间尺度多区域电力平衡快速仿真等技术问题，是一款集成电力系统多种优化计算目标、可开展含新能源电力系统运行模拟的仿真软件。软件一方面考虑风电、光伏发电的运行特点，通过建立时间序列模型，模拟符合研究对象区域的风电、光伏发电长时间尺度出力序列；另一方面，考虑电力系统运行方式时刻变化，建立含新能源发电的电力系统时序生产模拟模型和随机生产模拟模型，模拟新能源及常规能源的运行情况。为提高软件的适应性，REPS 软件优化所用计算模型适用于主流计算机，软件对运行环境的软硬件配置需求见表 6-2。

表 6 - 2　　　　　　　**REPS 软件对运行环境的软硬件配置需求**

分　类		配　置　需　求
基本配置	系统	Windows 7（32bit）
	硬件	CPU：双核，主频 2.0GHz，32 位 内存：3GB 及以上 硬盘：30GB 及以上（可存储约 30 个案例）
推荐配置	系统	Windows Server 2008（64bit）
	硬件	CPU：四核及以上，主频 2.6GHz，64 位 内存：8GB 及以上 硬盘：500GB 及以上（可存储约 500 个案例）

REPS 软件在研发方面遵循国家及行业相关技术标准，建立了网－源－荷对象组件化、优化模型动态装载、时变约束序列化的软件架构，软件界面美观实用、使用灵活方便、程序模块化设计、执行效率高、可扩展性好。REPS 软件技术特点总结如下：

（1）建立了可用于长时间尺度仿真计算的新能源发电出力时间序列随机生成模型，生成的时间序列满足新能源波动性、时序性、季节性等指标。具体功能特点包括：

1）风电、光伏发电历史样本运行特性分析，包括 15min/60min 波动、日特性、月特性、概率分布、自相关系数。

2）风电波动辨识及分类，包括大、中、小、低出力波动的高度、宽度、概率分布、统计特征等。

3）光伏发电天气类型辨识，包括晴天、多云天、阴天和混合天气的出力特征。

4）基于历史样本特性的风电、光伏发电时间序列随机生成。

（2）建立了多区域时序生产模拟优化模型，可计及电力系统断面受阻情况、新能源分布情况、常规电源分布情况、联络线约束等情况，开展年度/月度逐时段时序生产模拟，实现含新能源的电力系统时序生产模拟。具体功能特点包括：

1）建立了电网聚合模型，可根据研究目标电网受阻情况，将电网分区域聚合，开展生产模拟研究分析。

2）建立了火—水电机组模型，火电包含背压式、抽汽式、凝汽式机组，考虑热电耦合特性；水电包含有调节能力水电厂和无调节能力水电厂，计及无调节能力水电机组出力要求、有调节能力水电机组调峰特性、爬坡特性及电量约束。

3）建立了负荷特性模型，可根据历史运行样本，生成满足运行要求的负荷峰谷特性、电量约束时序模型。

4）建立了抽水蓄能电站、储能电站模型，抽水蓄能电站模型计及库容大小、初始水位约束、电量约束、转换效率；储能电站模型计及电力约束、容量约束、充/放电效率，储热站计及热容量约束、电－热转换效率约束。

（3）建立了多种优化模型的新能源时序生产模拟模型，可实现含新能源的电力系统年度/月度多种优化目标时序生产模拟。具体功能特点包括：

1）建立了多种时序生产模拟优化模型，包括新能源消纳能力最大逐周优化模型、月优化模型、联络线优化模型、负荷转移模型、化学储能优化模型、热电联合优化模型等。

2）支持优化模型扩展，电力系统调度运行模式发生变化时，可通过动态装载其他时序生产模拟和随机生产模拟模型，实现"即插即用"的升级管理，满足符合实际的电力系统运行模式的生产模拟。

3）并行计算提高计算速度，进行多月生产模拟时，多月计算边界条件一次设置，后台并行计算，有效提升生产模拟计算速度。

（4）建立了新能源随机生产模拟模型，可实现对新能源发电、限电情况的快速计算。具体功能特点包括：

1）建立了负荷和新能源发电出力的概率分布模型，可根据历史数据，生成充分反映历史昼夜特性、波动特性概率分布的负荷和新能源发电出力概率分布。

2）建立了新能源消纳空间的概率分布模型，可根据负荷历史数据，充分考虑负荷与日最大负荷之间的相关性，生成火电机组最小技术出力与新能源消纳空间的联合概率分布，进而生成消纳空间的概率分布。

3）建立了基于随机生产模拟的新能源消纳能力评估模型，采用扩展序列运算，可计算新能源限电量、消纳电量功率区间分布。

（5）建立了网—源—荷对象组件化、优化模型动态装载、时变约束序列化的软件架构，程序模块化设计、执行效率高、可扩展性好，具体功能包括：

1）电网建模图形可视化操作，可直观、方便地建立复杂断面约束的电网仿真模型，用户可直观地与实际电网运行情况进行比较分析，且系统支持建立多种电网结构开展研究对比分析。

2）电网运行方式以表格形式时间序列管理，允许电网运行方式每15min/1h 动态调整，可实现任意时段线路检修运行、机组检修运行、供暖期"以热定电"运行、机组特殊方式运行等。

3）案例计算导航流程化管理，一键式运行模拟计算，可方便地新建案例、参照历史案例，通过选择电网、选择优化模型、选择参数，快速地开展生产运行模拟。

4）案例计算结果可通过列表展示或图形化展示，可快速查看每台机组的时序运行模拟结果，并可导出所有电源时序运行结果。

6.4.2　计算功能

REPS 软件可根据不同电网运行情况，自定义配置运行方式和相关参数。目前，REPS 软件可实现的计算功能包括：

（1）新能源发电对电力平衡的影响分析。

（2）新能源消纳能力计算。测算未来水平年新能源装机容量下的电力电量平衡及新能源发电、限电情况。

（3）新能源开发优化布局。根据电网规划和新能源发展规模，优化新能源的开发布局。

（4）新能源年度/月度电量计划优化。根据新能源总电量预测，分析可纳入电力平衡的新能源年度/月度电量。

（5）含新能源的电网运行方式优化。根据电网运行边界条件，优化常规电源启停机、月度电量计划、联络线电力、电量计划等，实现多消纳新能源。

（6）促进新能源消纳的储能配置优化。根据成本、可使用的技术类型等边界条件，优化储能配置类型和容量。

6.4.3　性能指标

REPS 软件作为数学优化计算软件，其性能指标主要受算法模型、软件代码和硬件平台限制。实际应用来看，软件的案例计算规模上限、新能源发电出力序列建模时间、案例计算时间等性能指标是软件实用化的关键。为此，中国软件测评中心的测试报告显示，REPS 软件详细测试结果见表 6−3，满足当前省级乃至区域电网的计算需求。

表 6−3　　　　　　　　　　主要性能指标测试结果

序号	功能分类	性能指标	备　注
1	案例计算规模上限—机组类型	大于 1000 个	每类机组的数量为 1 台
2	案例计算规模上限—机组数量	大于 10 000 台	机组聚合 8 类
3	新能源发电出力序列建模	1.23s	时间长度：1 年 数量：1 个
4	样本建模画面打开时间	0.66s	10 个画面打开的平均值
5	随机生产模拟案例计算（12 个月）	1.89s	5 个算例平均值
6	时序生产模拟案例计算（3 个月）	325s	3 个区域模型 5 次平均值

6.5　REPS 软件计算流程

REPS 软件可分别以时序生产模拟和随机生产模拟两种方法开展新能源消纳计算，计算结果包括新能源发电量、限电量、常规电源运行情况等。下面分别介绍两种生产模拟方法的计算流程。

6.5.1　时序生产模拟计算流程

新能源时序生产模拟案例计算流程主要分为数据准备、参数配置、案例计算和结果分析四个步骤，计算过程考虑了新能源发电出力的波动特性、时序特性、季节特性，以时序生产模拟的方式计算一定电网运行方式约束下的全网新能源最大消纳能力，时序生产模拟案例计算流程如图 6−16 所示。详细计算流程说明如下。

```
                          ┌──────────┐
                          │   开始    │
                          └──────────┘
                               │
┌──────┐    ┌────────────────────────────────────────┐
│      │    │ 1-1：收集新能源发电、负荷、联络线、常规机   │
│      │    │      组、断面限额等边界条件数据            │
│ 数   │    └────────────────────────────────────────┘
│ 据   │              │
│ 准   │    ┌────────────────────────────────────────┐
│ 备   │    │ 1-2：建立新能源发电、负荷、联络线数据样本   │
│      │    └────────────────────────────────────────┘
│      │              │
│      │    ┌────────────────────────────────────────┐
│      │    │ 1-3：将数据处理成REPS软件标准格式         │
│      │    └────────────────────────────────────────┘
├──────┤              │
│      │    ┌────────────────────────────────────────┐
│      │    │ 2-1：建立工作空间                         │
│      │    └────────────────────────────────────────┘
│ 参   │              │
│ 数   │    ┌────────────────────────────────────────┐
│ 配   │    │ 2-2：构建电网                             │
│ 置   │    └────────────────────────────────────────┘
│      │              │
│      │    ┌────────────────────────────────────────┐
│      │    │ 2-3：配置电源、联络线                     │
│      │    └────────────────────────────────────────┘
│      │              │
│      │    ┌────────────────────────────────────────┐
│      │    │ 2-4：维护运行方式                         │
│      │    └────────────────────────────────────────┘
├──────┤              │
│      │    ┌────────────────────────────────────────┐
│ 案   │    │ 3-1：新建案例                             │
│ 例   │    └────────────────────────────────────────┘
│ 计   │              │
│ 算   │    ┌────────────────────────────────────────┐
│      │    │ 3-2：配置案例数据                         │
│      │    └────────────────────────────────────────┘
│      │              │
│      │    ┌────────────────────────────────────────┐
│      │    │ 3-3：案例计算                             │
│      │    └────────────────────────────────────────┘
├──────┤              │
│ 结   │    ┌────────────────────────────────────────┐
│ 果   │    │ 4-1：结果查看                             │
│ 分   │    └────────────────────────────────────────┘
│ 析   │              │
│      │    ┌────────────────────────────────────────┐
│      │    │ 4-2：时序数据分析                         │
│      │    └────────────────────────────────────────┘
└──────┘              │
                   ┌──────────┐
                   │   结束    │
                   └──────────┘
```

图6-16 时序生产模拟案例计算流程

6.5.1.1 数据准备

　　新能源时序生产模拟计算所需数据包括电源、负荷和联络线等数据，对于随时间变化的序列数据，数据时间分辨率不应小于60min。对于风电、光伏发电，需要基于理论发电功率数据形成归一化时序数据，负荷和联络线数据为实际发电出力的时序数据。各类数据需要转换为REPS软件可读取的标准格式文件（Excel 文件）。

6.5.1.2 参数配置

参数配置包含建立工作空间、构建电网、配置电源和维护运行方式四个主要步骤，下一级参数配置需要基于上一级步骤的结果来建立，参数配置过程是一个层层递进的过程。其中，工作空间用于保存参数配置的所有数据，同时保存软件的计算结果；构建电网，首先建立电网的分区聚合模型，然后配置分区电网间的输电断面限额及外送联络线；配置电源，在电网的基础上，进一步配置各类电源、输电断面和联络线的时序运行参数。

6.5.1.3 案例计算

案例计算采用流程化的方式开展，需要分别配置案例基本信息、运行方式和全网参数。其中，案例基本信息包括案例名称、优化计算模型选择、计算时间范围和计算时间步长等信息；运行方式配置在步骤 2 参数配置的基础上，基于案例计算需求选取各分区电网中负荷、电源、联络线的运行方式，组合成为新的计算案例；全网参数需要配置案例的备用容量、新能源功率预测误差以及输电断面限额方式。数据配置完成后，REPS 软件将弹出案例所配置参数供用户核对，核对无误后开始案例计算。

6.5.1.4 结果分析

REPS 案例计算结果包含各类电源、负荷以及联络线的时序数据，计算结果可采用报表以及曲线分析两种方式展示。其中，报表展示结果包括新能源消纳计算结果、负荷计算结果以及综合统计结果等；曲线分析展示结果可选择重点关注的参数并以曲线图形式展示，或以发电出力面积堆积图的形式展示电力系统的运行情况。

利用 REPS 软件的时序生产模拟功能开展某省级电网年度新能源消纳能力计算，年度计算结果见表 6-4，该计算结果中新能源全年发电 16.3TWh、限电 4.8TWh，新能源限电率为 22.9%。

表 6-4 新能源消纳能力计算结果

项目	新能源发电量（TWh）	新能源限电量（TWh）	风电发电量（TWh）	风电限电量（TWh）	光伏发电量（TWh）	光伏限电量（TWh）
结果	16.3	4.8	11.6	3.8	4.6	1.0

项目	新能源限电率 （%）	风电限电率 （%）	光伏限电率 （%）	风电利用小时数 （h）	光伏利用小时数 （h）
结果	22.9	24.5	18.3	1514	1266

分月计算结果如图 6-17 所示。全年各月均存在新能源限电情况，且从 9 月份开始新能源限电量逐月增加，12 月新能源限电量达到峰值（1.93TWh），占全年限电量的 40%。进一步分析表明，12 月新能源大幅限电是由多种原因造成的，① 新能源装机容量逐月增加，12 月达到最大值 14.5GW（1 月为 10GW）；② 12 月来风情况较好，风资源小时数达到 279h（月平均值为 164h）；③ 12 月负荷用电量减少，负荷电量为 5.12TWh（月平均值为 5.21TWh）。综合以上因素造成 12 月新能源限电大幅增加。

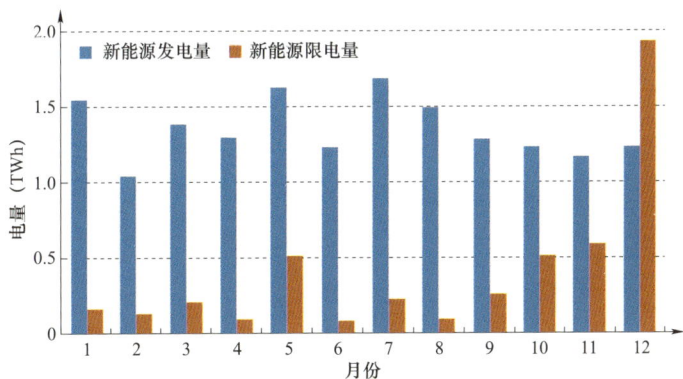

图 6-17　新能源消纳能力分月计算结果

以冬季某日仿真结果分析新能源的消纳情况，该日来风较大，超出了全网的消纳能力，全天除 18:00～20:00 外，风电均处于限电状态，从火电出力情况来看，限电时段内火电均降至最小技术出力，尽最大能力消纳风电电量。详见图 6-18。

6.5.2　随机生产模拟计算流程

新能源随机生产模拟采用基于扩展序列运算的随机生产模拟方法计算目标电网的发用电情况，计算结果包括新能源发电、限电以及各类电源发

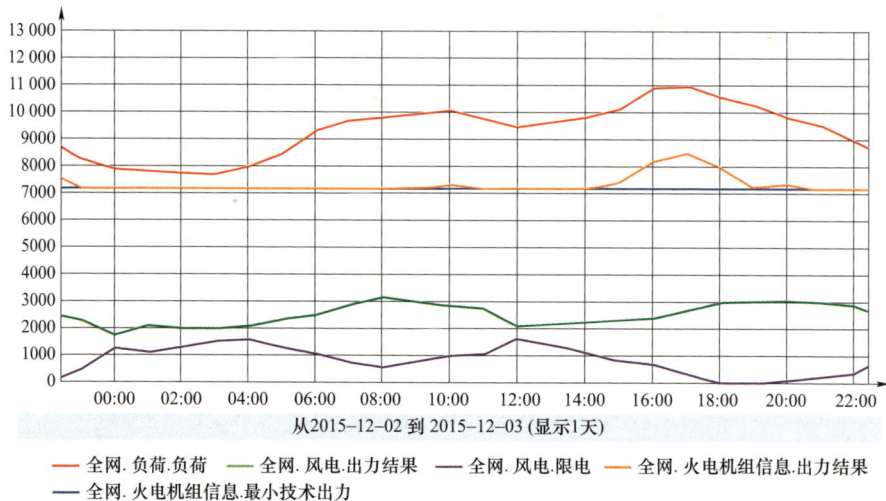

从2015-12-02 到 2015-12-03 (显示1天)

——全网.负荷.负荷　　——全网.风电.出力结果　　——全网.风电.限电　　——全网.火电机组信息.出力结果
——全网.火电机组信息.最小技术出力

图 6-18　新能源消纳能力计算日出力结果截图

电出力的离散概率分布，仿真步长通常不超过 60min。新能源随机生产模拟的计算流程、基础数据与时序生产模拟基本相同，计算过程考虑了新能源发电出力的随机波动性和负荷的波动性，以基于扩展序列运算的随机生产模拟的方式计算一定电网运行方式约束下的全网新能源最大消纳能力，计算速度快、准确度高，案例计算流程如图 6-19 所示。详细计算流程说明如下。

6.5.2.1　数据准备

随机生产模拟计算需要准备的数据与时序生产模拟相同，同样包括计算时段内新能源发电出力、电源、负荷和联络线等数据。输入数据的格式也与时序生产模拟相同。

6.5.2.2　参数配置

参数配置环节的流程与时序生产模拟基本相同，也需建立工作空间、构建电网模型、配置电源和联络线、维护运行方式等。与时序生产模拟不同之处在于，随机生产模拟计算时，常规电源的运行方式直接影响后续计算过程中的分段数量和分段时间节点，负荷、新能源发电出力等时序数据也需根据运行方式的分段结果进行分段，每个分段内的数据分别进行随机生产模拟计算。若常规电源运行方式变换频繁，会导致分段数量较多，每段的数据量较少，影响计算准确性。

```
                    ┌─────────┐
                    │   开始   │
                    └─────────┘
┌────┐   ┌──────────────────────────────────┐
│数  │   │ 1-1：收集新能源发电、负荷、联络线、常规机 │
│据  │   │      组、断面限额等边界条件数据          │
│准  │   └──────────────────────────────────┘
│备  │   ┌──────────────────────────────────┐
│    │   │ 1-2：建立新能源发电、负荷、联络线数据样本  │
│    │   └──────────────────────────────────┘
│    │   ┌──────────────────────────────────┐
│    │   │ 1-3：将数据处理成REPS软件标准格式        │
└────┘   └──────────────────────────────────┘
┌────┐   ┌──────────────────────────────────┐
│参  │   │ 2-1：建立工作空间                       │
│数  │   └──────────────────────────────────┘
│配  │   ┌──────────────────────────────────┐
│置  │   │ 2-2：构建电网                          │
│    │   └──────────────────────────────────┘
│    │   ┌──────────────────────────────────┐
│    │   │ 2-3：配置电源、联络线                    │
│    │   └──────────────────────────────────┘
│    │   ┌──────────────────────────────────┐
│    │   │ 2-4：维护运行方式                       │
└────┘   └──────────────────────────────────┘
┌────┐   ┌──────────────────────────────────┐
│案  │   │ 3-1：新建案例                          │
│例  │   └──────────────────────────────────┘
│计  │   ┌──────────────────────────────────┐
│算  │   │ 3-2：配置案例基础数据                    │
│    │   └──────────────────────────────────┘
│    │   ┌──────────────────────────────────┐
│    │   │ 3-3：配置全网参数，选择消纳原则           │
│    │   └──────────────────────────────────┘
│    │   ┌──────────────────────────────────┐
│    │   │ 3-4：案例计算                          │
└────┘   └──────────────────────────────────┘
┌────┐   ┌──────────────────────────────────┐
│结  │   │ 4-1：结果查看                          │
│果  │   └──────────────────────────────────┘
│分  │   ┌──────────────────────────────────┐
│析  │   │ 4-2：随机生产模拟计算结果分析            │
│    │   └──────────────────────────────────┘
│    │            ┌─────────┐
│    │            │   结束   │
└────┘            └─────────┘
```

图 6-19　随机生产模拟计算流程

6.5.2.3　案例计算

参数配置环节的流程与时序生产模拟基本相同，其中，全网参数除需要配置案例的备用容量信息、新能源功率预测误差以及断面限额方式之外，若随机生产模拟案例中新能源发电包括风电和光伏发电两种形式，还需选取新能源限电分配原则，有三种限电分配原则可供用户选择：风电优先消纳、光伏发电优先消纳和风光按理论功率等比例消纳，系统默认的分配原则是风电优先消纳。数据配置完成后，REPS 软件会提示案例所有的配置参数供用户核对，核对无误后开始案例计算。随机生产模拟案例参数配置界面如图 6-20 所示。

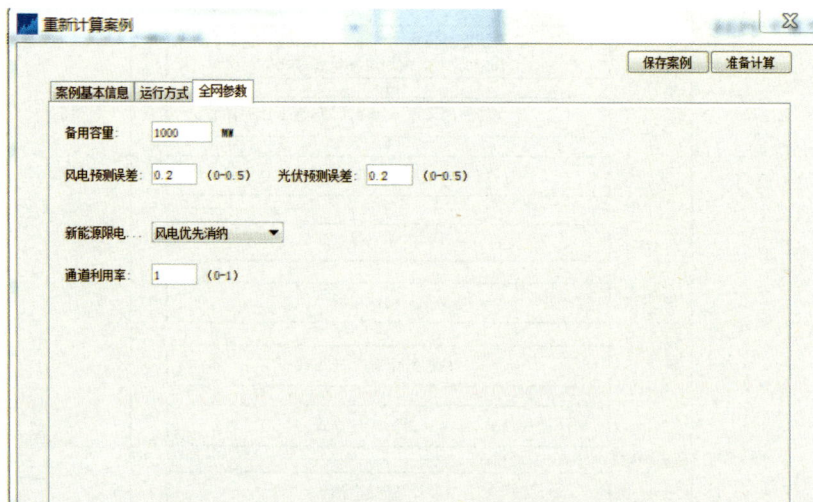

图 6-20　随机生产模拟案例参数配置界面截图

6.5.2.4　结果分析

随机生产模拟计算结果包含计算时段内各分段的各类电源、负荷、消纳空间的离散概率分布，计算结果可采用报表以及直方图两种方式进行展示。其中，报表展示结果包括新能源消纳计算结果和综合计算结果等；直方图展示结果可选择重点关注的变量并以直方图形式展示。

利用 REPS 软件的随机生产模拟功能开展某省级电网年度新能源消纳能力计算，计算时间步长为 60min，该省新能源发电装机既有风电装机，又有光伏发电装机，限电分配原则选择"风光按理论功率等比例消纳"。根据常规机组运行方式在供暖期和非供暖期的不同，以及昼夜分段，将全年划分为四个分段，分别是：供暖期白天段、供暖期夜晚段、非供暖期白天段和非供暖期夜晚段。使用各个分段的数据分别进行随机生产模拟计算，年度计算结果见表 6-5，该电网新能源全年发电 16.4TWh、限电 4.7TWh，新能源限电率为 21.2%。除年度结果外，计算结果可进一步查询各分段内的各类指标统计结果。

表6-5　　　　　　　某省新能源消纳能力的随机生产模拟计算结果

项目	新能源发电量 （TWh）	新能源限电量 （TWh）	风电发电量 （TWh）	风电限电量 （TWh）	光伏发电量 （TWh）
结果	16.4	4.7	11.8	3.8	4.6
项目	光伏限电量 （TWh）	新能源限电率 （%）	风电限电率 （%）	光伏限电率 （%）	
结果	0.9	21.2	23.1	16.0	

非供暖期（4月1日～10月31日）白天段和夜晚段的消纳空间离散概率分布分别如图6-21和图6-22所示。

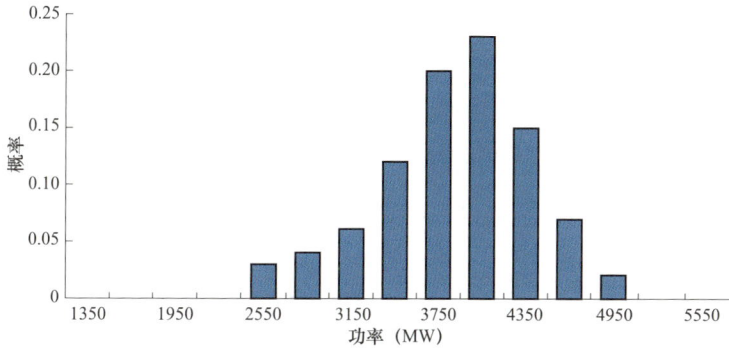

图6-21　非供暖期白天时段新能源消纳空间离散概率分布直方图

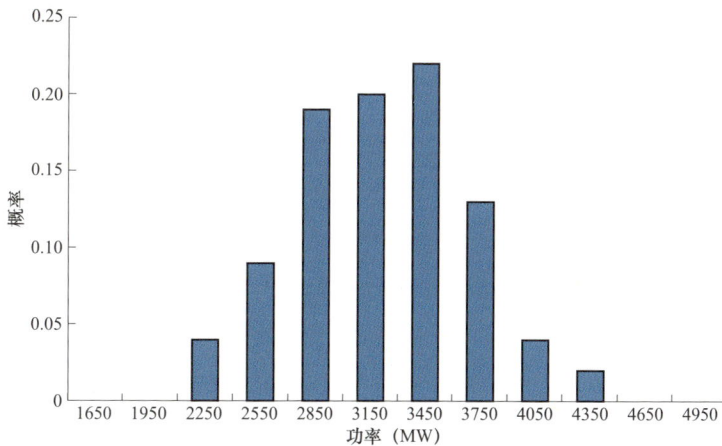

图6-22　非供暖期夜晚时段新能源消纳空间离散概率分布直方图

第 7 章

新能源电力系统生产模拟应用

REPS 软件具备长时间尺度新能源电力系统电力平衡优化仿真功能，能够从网源协调角度定量测算新能源并网对电网运行方式的影响、新能源消纳存在的问题以及促消纳的措施效果。目前，REPS 软件已在我国"三北"地区十五个省级电网以及南方部分省份推广应用，用于促进新能源消纳的电网发展规划及调度运行方式优化分析。

7.1 新能源消纳能力分析实例

从我国新能源的装机分布来看，新能源装机容量主要集中在东北、西北及华北地区（"三北"地区）；从消纳情况来看，新能源限电问题也主要集中在"三北"地区。2018 年，新疆、甘肃和内蒙古等十三个省份存在新能源限电，其中，新疆、甘肃、内蒙古风电限电率超过 10%。"三北"地区电网运行特性复杂且存在较大的差异性。我国西北地区当前新能源装机容量最大且风电、光伏限电问题最为突出，西北电网由陕西、甘肃、青海、宁夏和新疆五省区电网组成，新疆与陕西、甘肃、宁夏、青海负荷中心位于电网两端，电网结构呈现出"长链式""哑铃型"特点，电气联系相对薄弱，新疆以及甘肃酒泉地区的新能源需要通过长距离的联网通道外送，存在多级输电断面受阻的问题；东北电网由辽宁、吉林、黑龙江和蒙东电网组成，东北地区以火电装机为主，近年来核电装机快速增长，冬季供暖期火电机组根据热出力确定电出力，受火电机组最小运行方式限制，冬季供暖期东北地区新能源消纳矛盾突出；华北电网位于负荷中心，由北京、天津、冀北、冀南、山西和山东六个省级电网组成，新能源消纳问题主要是冀北、山西大规模新能源集中接入电网末端，存在电网外送能力不足的问题，此外，华北地区同样以火电装机为主，节假日的负荷低谷时段同样存在新能源因调峰受限的问题。

7.1.1 边界条件

2015 年底，基于 REPS 软件构建了"三北"地区各省级电网的生产模拟计算模型，开展 2016 年新能源消纳能力测算。2016 年测算相关参数见表 7−1，测算边界条件配置基本原则见表 7−2。

表 7−1　　　　　预估 2016 年负荷、新能源装机和联络线

地区	统调负荷电量（亿 kWh）	负荷电量增长率（%）	新增风电装机容量（万 kW）	新增光伏装机容量（万 kW）	联络线外送电量（亿 kWh）
华北	9656	0.85	1012	402	−569
东北	3345	0.62	205	81	191
西北	5407	2.44	812	690	630

注　联络线外送为正，受入为负。

表 7−2　　　　　　　　边界条件配置基本原则

序号	边界条件	基 本 原 则
1	新能源发电出力	基于各省 2015 年风电、光伏发电考虑限电还原的归一化出力曲线，并基于第 2 章时间序列建模方法随机生成
2	火电机组	考虑火电机组调节能力、最小运行方式及供热需求
3	水电机组	考虑水电机组分月总发电量、调节能力约束和水电强迫出力
4	电网模型	考虑省内输电断面、省间输送能力及跨区外送能力
5	开机模式	机组启停方式为周启停
6	联络线	考虑省间联络线和跨区联络线电力及电量约束
7	备用容量	考虑上旋转备用和下旋转备用
8	负荷	预测总负荷电量，并基于 2015 年负荷曲线，考虑电量、日特性，通过第 3 章负荷时间序列建模方法随机生成

7.1.2 测算结果

经测算，2016 年，"三北"地区新能源发电量为 1882 亿 kWh，限电量为 533 亿 kWh，新能源限电率为 22.1%。其中，风电发电量为 1507 亿 kWh，风电限电量为 445 亿 kWh，风电限电率为 22.8%，风电利用小时数为 1713h；光伏发电量为 376 亿 kWh，光伏限电量为 89 亿 kWh，光伏限电率为 19.1%，光伏利用小时数为 1307h。计算结果详见表 7−3。各地区风电/光伏发电、限电情况如图 7−1 和图 7−2 所示。

表 7−3 　　　　　　　　2016 年新能源消纳情况测算结果

地区	电源	发电量（亿 kWh）	限电量（亿 kWh）	限电率（%）	利用小时数（h）
华北	风电	574	30	5.0	1918
	光伏	81	0	0.0	1302
东北	风电	447	102	18.5	1760
	光伏	13	0	0.0	1601
西北	风电	486	313	39.2	1429
	光伏	282	89	23.9	1295
"三北"	风电	1507	445	22.8	1713
	光伏	376	89	19.1	1307
"三北"新能源		1882	533	22.1	—

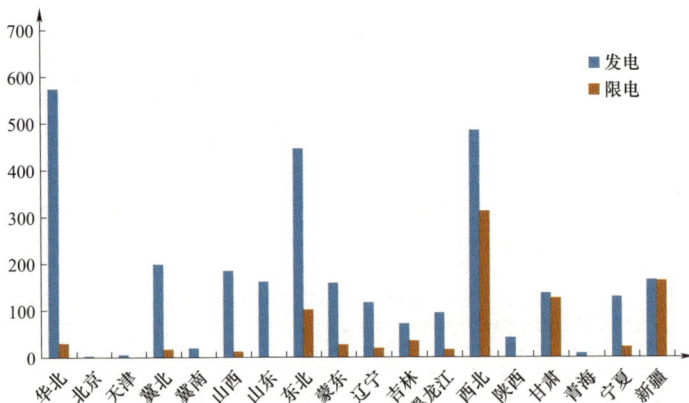

图 7−1　2016 年测算"三北"地区风电发电与限电情况（亿 kWh）

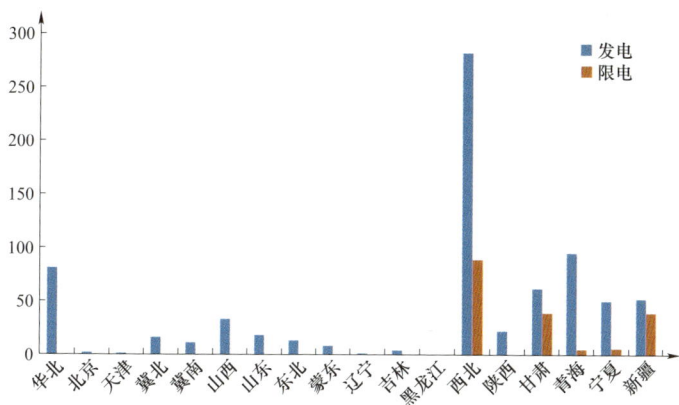

图 7-2 2016 年测算"三北"地区光伏发电与限电情况（亿 kWh）

7.1.3 随机性的影响

上述计算结果基于单一风电出力时间序列样本计算获得，考虑到风电出力具体随机性的特点，计算得到的结果同样可能具有随机性。基于第 2 章提出的风电时间序列建模方法，随机生成了某省 1000 条不同的风电出力时间序列样本，这些样本的风电理论利用小时数偏差小于 1%，且满足第 2 章提出的风电出力特性指标要求。基于随机生成的风电出力时间序列样本计算得到的风电限电率分布和期望值估计如图 7-3 所示。从图中可以看出，在风资源一定的情况下，虽然随机生成的风电出力时间序列样本形状完全不一致，但多次计算的风电限电率期望值趋于稳定。

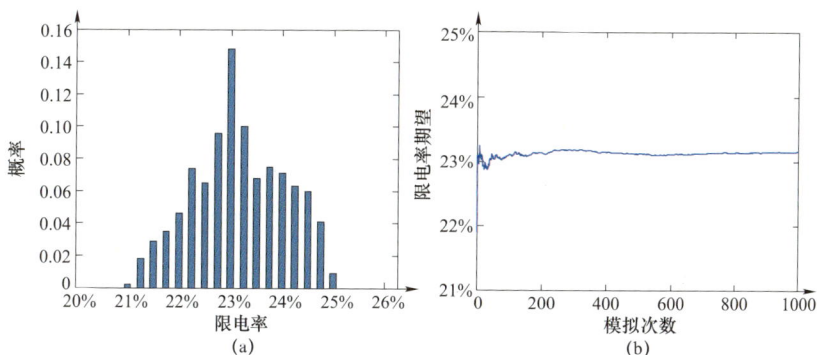

图 7-3 风电限电率分布及期望值估计
（a）分布；（b）期望值估计

7.1.4 测算结果与实际情况对比

7.1.4.1 风电

2015 年底，利用 REPS 软件对我国"三北"地区 2016 年全年新能源消纳开展测算，测算基于预测得到的 2016 年来风、来光资源和负荷增长等边界条件。测算结果与实际情况对比如下：事后通过对 2016 年风电消纳实际结果进行对比显示，"三北"地区测算的风电发电量为 1507 亿 kWh，较实际情况偏多 39 亿 kWh，偏多 3%；测算风电限电量为 445 亿 kWh，较实际情况偏多 50 亿 kWh，偏多 12.6%。"三北"地区测算的风电发电量、风电限电量与实际情况对比如图 7－4 和图 7－5 所示。

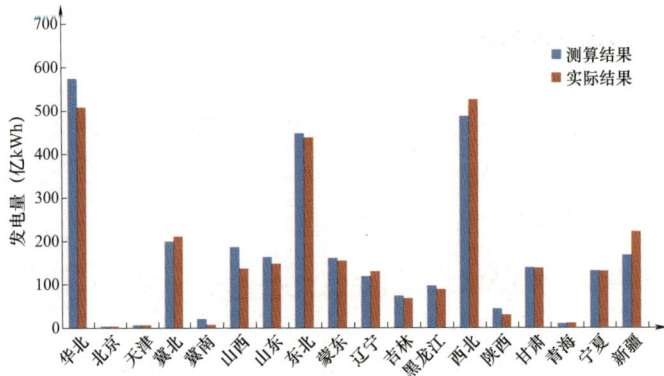

图 7－4　2016 年测算与实际风电发电量

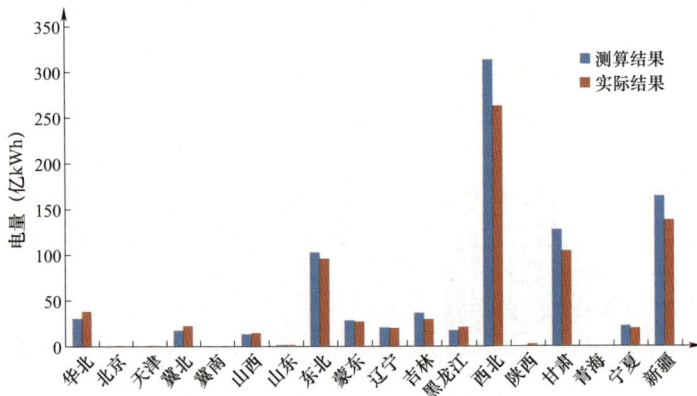

图 7－5　2016 年测算与实际风电限电量

7.1.4.2　光伏

2016 年光伏发电消纳实际结果和测算结果对比显示，"三北"地区测算的光伏发电量为 376 亿 kWh，较实际情况偏少 39 亿 kWh，偏少 9%；测算结果光伏限电量为 89 亿 kWh，较实际情况偏多 20 亿 kWh，偏多 29%。分省测算的光伏发电量、光伏限电量与实际情况对比如图 7-6 和图 7-7 所示。

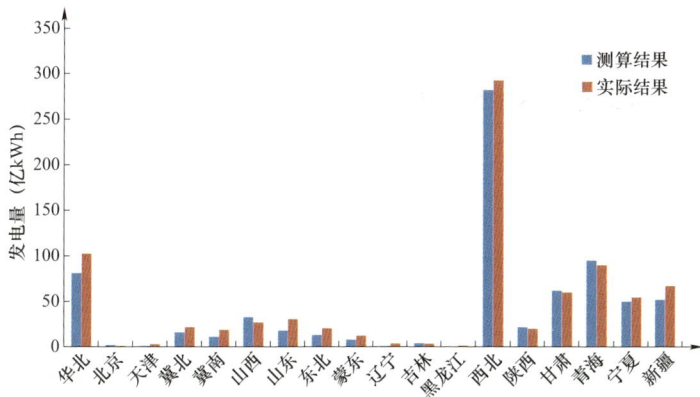

图 7-6　2016 年测算与实际光伏发电量

对比结果显示，测算结果与实际结果基本相当，新能源消纳能力计算结果具有较高的参考价值。虽然在实际测算过程中，事前预测的新能源并网容量、负荷增长以及电力系统运行相关边界条件等均可能与实际运行存在一定偏差，但不会从整体上影响到新能源消纳能力计算结果的准确性。

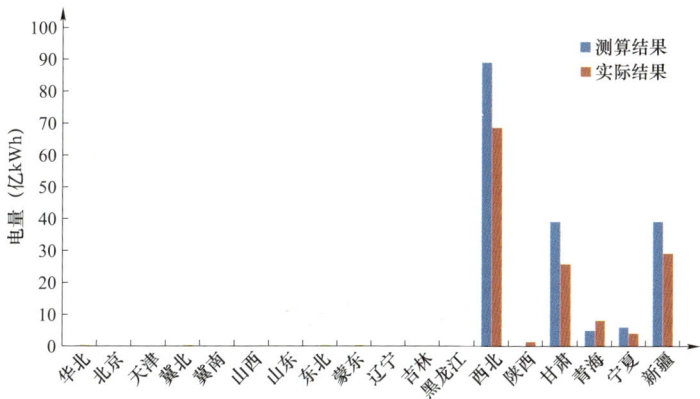

图 7-7　2016 年测算与实际光伏限电量

7.2 新能源与储能容量优化实例

新能源大规模发展后，由于新能源发电出力具有波动性和间歇性，与火电、水电、核电等常规电源控制特性完全不同，未来电源规划需要充分考虑新能源的运行特性。考虑新能源的多能互补柔性直流电网（简称柔直电网）优化案例介绍如下。

7.2.1 多能互补系统优化实例

以某多能互补集成优化示范工程为例，开展时序生产模拟仿真优化分析。工程规划总装机容量 700MW，其中风电 400MW、光伏 200MW、光热 50MW、储能 50MW（储电能力不定）。工程能够将风电、光伏、光热和储能结合起来，形成风、光、热、储多种能源的优化组合，合理优化配置多能互补系统中电储能和热储能容量，对提高多能互补系统的能源利用效率，增强电力输出功率的稳定性，提升系统综合运行效益有着重要的意义。工程建成后，电力输出将优先就地消纳，富余电力会通过输电线路送至附近的电力负荷中心。

对该多能互补工程电池储能的储电能力进行优化，使得其外送通道限额为该工程电源总装机容量40%条件下，年度新能源限电率不超过5%。设定优化目标为储能电池投资成本最小。工程中电池容量单价为218万元/MWh，逆变器单价为85万元/MW。

多能互补系统优化案例计算结果见表7-4。从表中可以看出，在电池容量分别为160、100、80MWh和60MWh时，储能系统投资成本由39 161万元下降到17 330万元，而新能源限电率只由5%增加到6.18%，可以看出由于电储能系统造价较高，在仅配置电储能时，为减少新能源限电率，需要付出非常大的投资代价。

表7-4　　　　　　　　电储能容量优化计算结果

场景	逆变器容量（MW）	电池容量（MWh）	新能源限电率（%）	投资成本（万元）
1	50	160	5	39 161
2	50	100	5.72	26 050

场景	逆变器容量（MW）	电池容量（MWh）	新能源限电率（%）	投资成本（万元）
3	50	80	5.77	21 690
4	50	60	6.18	17 330

工程中包含光热发电，如果除电储能外，增加一部分储热容量，同样可保障新能源限电率 5%的目标。按照工程中电加热设备单价 100 万元/MW，储热罐单价为 14.5 万元/MWh 进行优化，计算增装的储热罐容量和电加热设备的配置容量，结果见表 7−5。对比表 7−4 和表 7−5 可以看出，为保障 5%新能源限电率，可在电储能基础上增加一部分热储能，以降低系统总投资成本。

表 7−5　　　　　　　　　电+热储能容量优化计算结果

场景	逆变器容量（MW）	电池容量（MWh）	电加热容量（MW）	储热罐增装容量（MWh）	新能源限电率（%）	投资总成本（万元）
1	50	80	36	1521	5	26 113
2	50	60	42.5	1610	5	23 694

7.2.2　柔直电网风光接入容量优化实例

针对某柔直电网风电和光伏发电接入工程，采用新能源时序生产模拟系统优化计算风电和光伏发电的装机容量配比，其优化目标为柔直电网的新能源接入容量最大。柔直电网工程拓扑如图 7−8 所示。

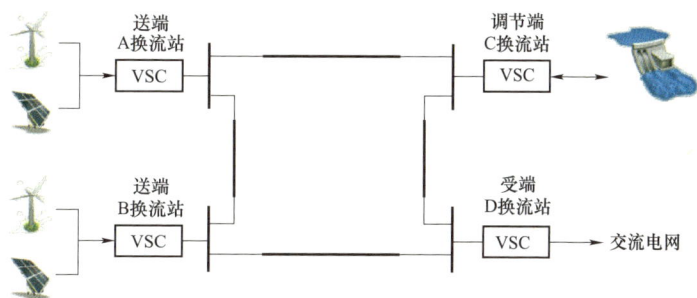

图 7−8　柔直电网工程拓扑

优化计算要求及所需的物理边界条件如下：

（1）系统拓扑结构信息，包括新能源的接入位置、换流站的连接关系、各换流站之间的距离，主要参数见表 7-6。

表 7-6　　　　　　　　柔直电网线路传输容量及长度

线路	A-B	A-C	B-D	C-D
传输容量（MW）	3000	3000	3000	3000
线路长度（km）	50	205	206	187

（2）风电和光伏发电容量。A 换流站和 B 换流站风电及光伏发电总容量不超过 8000MW，容量配比在 1～2 之间。

（3）风电和光伏发电资源利用小时数。风电利用小时数约为 2500h，光伏发电利用小时数约为 1500h。

（4）C 换流站接入的为抽水蓄能电站。包括 6 台 300MW 的机组，既可采用定转速技术，也可以采用变转速技术。

（5）换流站容量。根据绝缘栅双极型晶体管（IGBT）器件水平和厂家提供的设备情况，换流站容量可在 1500MW 和 3000MW 中选择。D 换流站容量固定为 3000MW，即最大下网负荷为 3000MW。

（6）整个系统需实现新能源最大消纳，直流电网利用率最大。要求直流电网最大输送容量 3750MW，新能源限电率不超过 5%。

基于抽蓄机组和换流站容量选型设置了 4 种方案，并开展 4 种方案的风电、光伏发电容量优化计算，见表 7-7。从表中可以看出，即使方案 1 和方案 2 中 A 换流站容量差距很大，但优化计算得到的新能源装机容量优化结果基本相当。方案 3 和方案 4 将 2 台抽蓄机组采用变速技术，增加了抽蓄机组的调节性能，可接入的新能源装机容量显著提高。

表 7-7　　　　　不同方案的新能源接入容量优化结果　　　　　（MW）

分类	方案 1	方案 2	方案 3	方案 4
抽蓄机组	6 台常规机组		4 台常规＋2 台变速	
B 换流站容量	3000			

续表

分类		方案1	方案2	方案3	方案4
A 换流站容量		1500	3000	1500	3000
B 换流站新能源接入容量	风电	2770	2070	3060	2320
	光伏	1850	1380	2030	1550
	合计	4620	3450	5090	3870
A 换流站新能源接入容量	风电	1320	2050	1500	2270
	光伏	860	1350	1000	1510
	合计	2180	3400	2500	3780
总接入容量		6800	6850	7590	7650

表 7-8 为 D 换流站各方案的年下网电量。可以看出，在直流电网输送容量相同的情况下，D 换流站年下网电量与配套新能源装机容量成正比。

表 7-8 不同方案下 D 换流站年下网电量

方案	方案1	方案2	方案3	方案4
年下网电量（亿 kWh）	121	122	135	136

7.3 随机生产模拟应用实例

本节根据第 5 章所述方法，使用基于扩展序列运算的新能源电力系统随机生产模拟方法，计算了我国北方新能源装机容量较大的 A、B、C 三个省份 2016 年的新能源消纳能力，并与时序生产模拟方法计算结果进行对比。

A 省火电装机容量为 14 894MW，占总装机容量的 74.4%，风电装机容量为 4278MW，占总装机容量的 24.6%，负荷最大值为 9425MW，该省级电网无水电和光伏发电，无须进行昼夜分段。该省全年按非供暖期、供暖中期和供暖初末期分为三段，分别进行随机生产模拟，求解新能源消纳能力。

B 省火电装机容量为 15 375MW，占总装机容量的 74.1%，风电装机容量为 4793MW，占总装机容量的 23.1%，水电占 2.8%，由于水电装机占比很小，模型中未考虑水电机组。该省全年分为三段，分别进行随机生产模拟。

C省火电装机容量为16 990MW，占总装机容量的71.3%，风电装机容量为4772MW，占总装机容量的20.0%，光伏装机容量为2054MW，占总装机容量的8.6%。该省全年共分为六段。

计算时，年度负荷序列采用负荷预测结果，考虑外送省际电网联络线对负荷的影响，风电年度预测基于风电电量预测结果，并采用风电时间序列建模方法获得风电时间序列。

7.3.1 新能源消纳能力计算

采用相同的边界条件，第5章随机生产方法与第4章时序生产模拟法新能源消纳能力计算结果对比见表7-9和表7-10。

表7-9　　　　　　　　　　新能源限电计算结果对比

项目	方法对比	A省	B省	C省	
		风电	风电	风电	光伏发电
新能源限电率（%）	随机生产模拟	33.48	16.29	0.24	0.15
	时序生产模拟	33.04	18.01	0.24	0.14
	相对误差	1.33	-9.55	0	7.14
新能源发电量（GWh）	随机生产模拟	5739.1	8251.0	8569.5	2687.8
	时序生产模拟	5777.2	8080.9	8622.4	2692.6
	相对误差（%）	-0.66	2.10	-0.61	-0.18

表7-10　　　随机生产模拟法与时序生产模拟法计算时间对比

省份	计算时间（s）		随机生产模拟方法计算时间提高倍数
	随机生产模拟	时序生产模拟	
A	3.6	910.47	251.9
B	2.3	748.56	324.5
C	4.2	1259.3	298.8

由表7-9和表7-10可知，随机生产模拟方法计算的A、B、C三省新能源限电率计算结果与时序生产模拟法的计算结果差别很小，新能源发电量的相对误差不超过3%，能够满足工程计算的要求。但是随机生产模拟方法的计算时间远小于时序生产模拟法。

其中 A 省风电限电功率概率分布如图 7-9 所示。风电消纳电量和风电限电量的分布如图 7-10 所示。从图中可知，供暖期风电限电量主要集中在中等发电出力，而非供暖期几乎没有限电情况，只有少数的限电出现在风电大出力情况下。

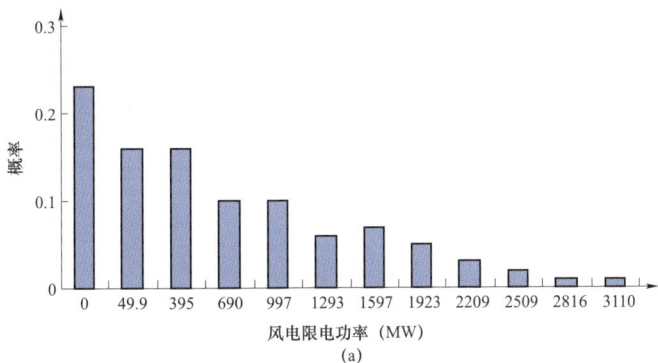

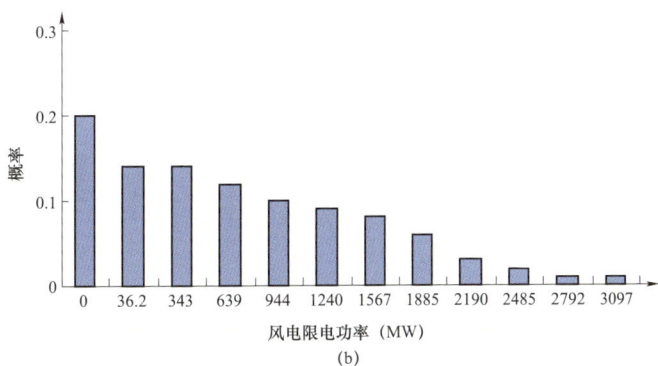

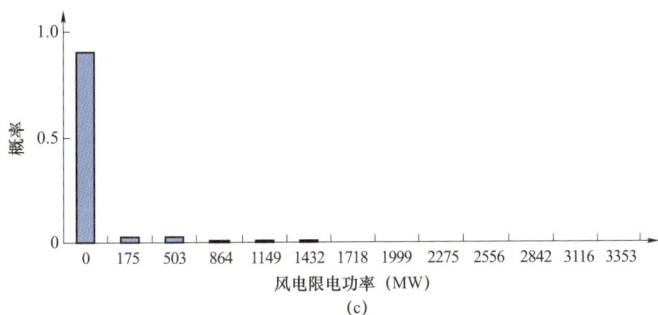

图 7-9　A 省风电限电功率概率分布

（a）供暖中期；（b）供暖初末期；（c）非供暖期

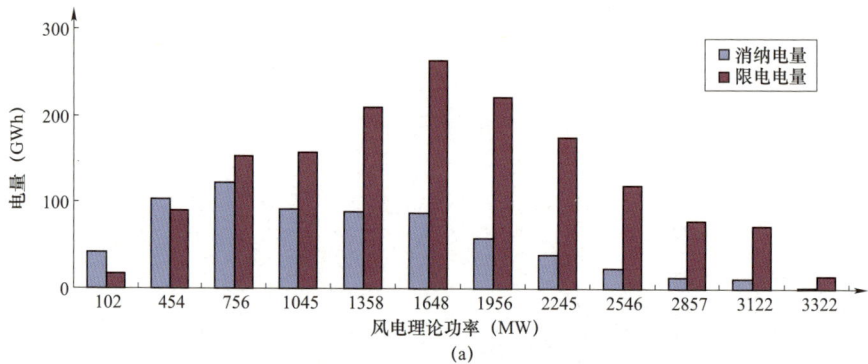

(a)

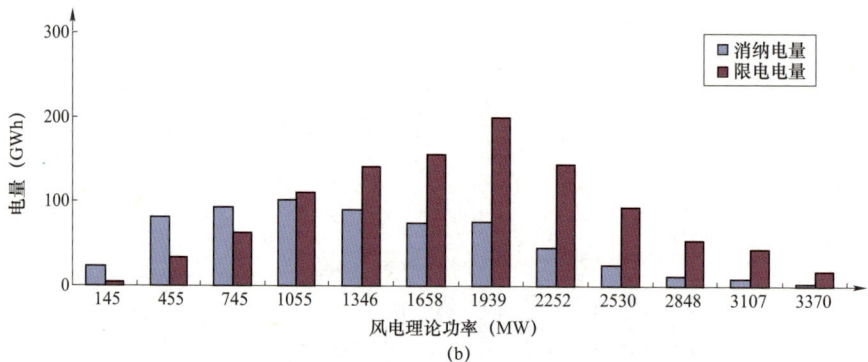

(b)

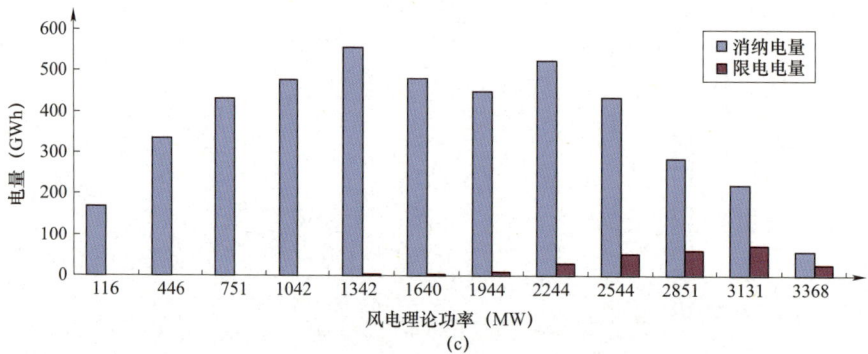

图 7-10　A 省风电消纳电量和风电限电量分布图

（a）供暖中期；（b）供暖初末期；（c）非供暖期

7.3.2 系统运行可靠性计算

A 省可靠性指标的计算结果见表 7 - 11。

表 7 - 11　　　　　　　　　A 省可靠性指标计算结果

项目	供暖中期	供暖初末期	非供暖期	全年
电力不足概率	0.002 2	0.004 5	0.012 4	0.007 7
电力不足小时数（h）	5.845 3	7.734 7	54.180 1	67.760 0
电量不足期望值（MWh）	1811.348 8	2335.589 3	22 715.423 6	26 862.361 7

分析表 7 - 11 可知，供暖中期和供暖初末期的电力不足概率比非供暖期小很多，这是因为供暖期有保证供暖的必开机组，导致日最大等效负荷相同时，供暖期开机机组较多，因而电力不足概率较小。

7.4 促进新能源消纳措施的量化评估实例

新能源消纳能力由常规电源调节性能、电网输送能力、负荷等多种因素共同决定，各种因素之间相互耦合，难以通过典型案例分析或数据统计指标得到各项措施的量化提升效果。准确分析多项措施耦合作用下单项措施的贡献率，可利用 REPS 开展量化评估计算。

7.4.1 新能源消纳影响因素

新能源消纳问题与系统调节能力密切相关。在一定规模的电力系统中，系统调节能力与电源结构相关，主要由电源调节性能决定，不同类型电源的调峰深度有很大差异。从不同电源类型来看，凝汽燃煤机组和供热火电机组调节性能较差；燃气、抽水蓄能、水电等电源能够快速启停、大幅调节，可灵活参与平衡；核电机组通常作为基荷运行，较少参与系统调节。我国电源结构以火电为主，电源总体调节性能主要取决于火电调峰深度和灵活调节电源比重。对于内部无网络约束的电力系统，新能源消纳只需满足发、用电动态平衡和系统调节能力下限约束，"负荷＋外送电力"曲线与系统调节能力下限之间的系统调节空间，即理论上的新能源最大消纳空间，如图 7 - 11 所示。

系统 t 时刻最大可消纳新能源电力 $P_a(t)$ 满足式（7-1）

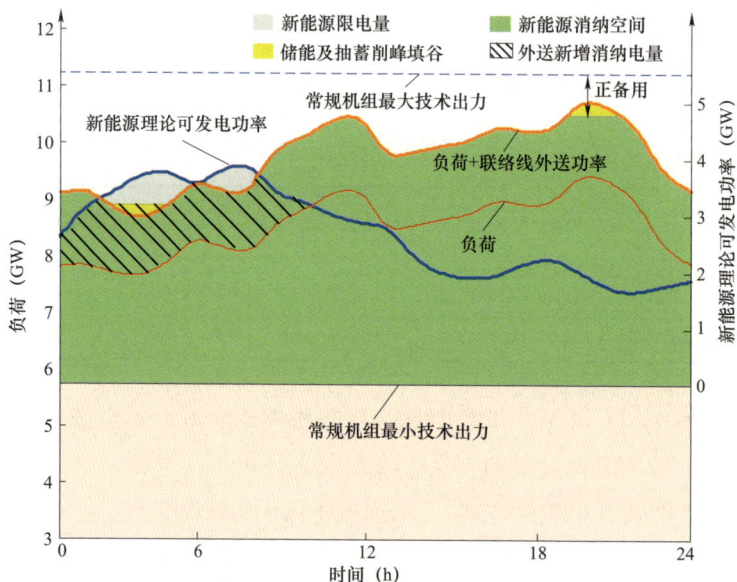

图 7-11　新能源消纳空间示意图

$$P_{a}(t) = P_{l}(t) + P_{t}(t) - \sum_{i}^{I} P_{g,i,\min}$$

$$= P_{l}(t) + P_{t}(t) - \sum_{i}^{I} (P_{g,i,\max} - \beta_{i} P_{g,i,\max}) \qquad (7-1)$$

$$= P_{l}(t) + P_{t}(t) - (1 - \beta_{a}) \sum_{i}^{I} P_{g,i,\max}$$

$$\beta_{a} = \sum_{i}^{I} \beta_{i} P_{g,i,\max} \bigg/ \sum_{i}^{I} P_{g,i,\max} \qquad (7-2)$$

式中　$P_{l}(t)$ ——t 时刻的负荷，MW；

$P_{t}(t)$ ——t 时刻的联络线外送功率，送出为正，MW；

$P_{g,i,\max}$ ——系统内第 i 台常规机组的最大技术出力，MW；

$P_{g,i,\min}$ ——系统内第 i 台常规机组的最小技术出力，MW；

I ——系统中所有常规机组的台数；

β_{i} ——第 i 台机组的调峰深度；

β_{a} ——系统内常规机组的平均调峰深度。

系统新能源消纳电量空间为最大可消纳新能源电力的积分，即

$$E_{a} = \int P_{a}(t)\mathrm{d}t$$

$$= \int [P_{l}(t) + P_{t}(t) - (1-\beta) \sum_{i}^{l} P_{\mathrm{g},i,\max}]\mathrm{d}t \qquad (7-3)$$

从系统条件来看，孤立系统中新能源消纳主要由电源总体调节性能 β、负荷电量 E_{l} 及负荷率 λ 决定。电源调节性能越好、负荷电量越高、峰谷差越小，新能源理论消纳空间越大。

7.4.2　评估方法

新能源消纳能力分析一方面可以评价历史已发生时段内促进新能源消纳的增发效果，另一方面可以预估未来可能采取措施及其增发新能源效果。涉及多项促进新能源消纳的措施量化评估及分析时，因总体效果为单项措施效果的总加，为评价单项措施的效果，应以未采取相关措施的场景作为基础案例，构建新能源消纳能力仿真模型。基础案例仿真结果与采取措施后的新能源消纳进行对比，新能源消纳量的提升即为各项措施的总体效果，在此基础上，进一步分析各项措施效果和贡献率，促进新能源消纳措施量化评估流程如图 7－12 所示。

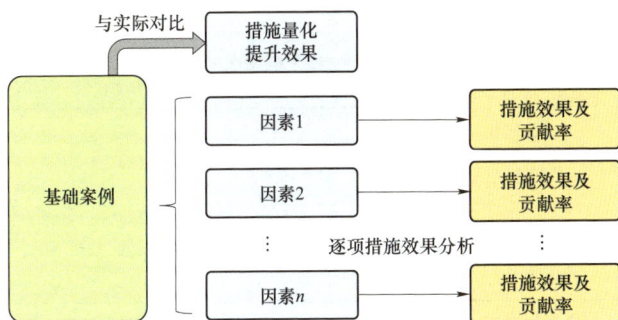

图 7－12　促进新能源消纳措施量化评估示意

针对各项单独措施新增新能源消纳电量的效果，其贡献率计算方法见式（7－4），进而通过贡献率和新能源消纳总提高电量可计算单项措施的增发电量

$$R_{i} = Q_{i} / \sum_{i=1}^{n} Q_{i} \qquad (7-4)$$

式中　R_{i}——措施 i 的贡献率；

Q_i——仅考虑措施 i 情况下增发的新能源电量，MWh；

n——措施总数量。

7.4.3 量化评估实例

从多方面调研情况获悉，2017 年我国"三北"地区促进新能源消纳的因素和措施包括负荷增长、新增跨区直流外送、断面输电能力提升、新能源与自备电厂交易、新能源参与跨区现货交易和电网备用容量优化等六项措施。现以 2017 年"三北"地区为分析对象开展案例计算，量化评估上述措施对新能源消纳的增发效果及贡献率。

使用 REPS 软件对 2017 年"三北"地区开展消纳计算，不采取上述措施的基础案例中，新能源限电率为 19%，较实际限电率高出 5 个百分点，说明各项措施整体实现限电率降低了 5 个百分点。在此基础上，采取负荷增长、自备电厂交易、跨区现货交易、备用容量优化、新增跨区直流通道和断面输电能力提升措施案例可分别减少新能源限电率 2.7、2.5、2.0、1.7、0.9 和 0.9 个百分点，详见表 7–12。

表 7–12　　　"三北"地区促进新能源消纳措施量化评估

序号	措施名称	增发新能源电量（亿 kWh）	限电率降低（与基础案例相比）（百分点）
1	负荷增长	79	2.7
2	自备电厂交易	74	2.5
3	跨区现货交易	58	2.0
4	备用容量优化	50	1.7
5	新增跨区直流通道	27	0.9
6	断面输电能力提升	26	0.9

基于案例计算结果得到的各项措施贡献率如图 7–13 所示。可见，负荷增长、新能源与自备电厂交易对增发新能源电量效果最为显著，措施贡献率分别达到 25% 和 24%；跨区现货交易、备用容量共享效果次之，措施贡献率分别达到了 18% 和 16%；新增跨区直流通道由于投运时间较短，贡献率为 9%，提升关键断面输电能力贡献率为 8%。

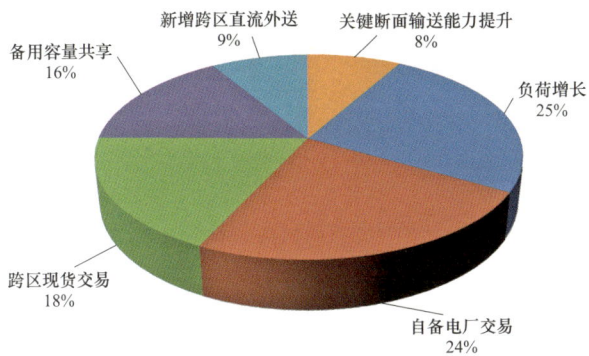

图 7 – 13 促进新能源消纳的各项措施贡献率

参 考 文 献

［1］ 国家电网有限公司，促进新能源发展白皮书2018［R］.北京：中国电力出版社，2018.

［2］ International renewable energy agency，Planning for the renewable future［R］. International renewable energy agency, 2017.

［3］ 程浩忠.电力系统规划（第二版）［M］.北京：中国电力出版社，2014.

［4］ 王锡凡，王秀丽.随机生产模拟及其应用［J］.电力系统自动化，2003，27（8）：10－15.

［5］ 王锡凡.电力系统优化规划［M］.北京：水利电力出版社，1990.

［6］ 刘纯，吕振华，黄越辉，等.长时间尺度风电出力时间序列建模新方法研究［J］.电力系统保护与控制，2013，41（1）：7－13.

［7］ 刘纯，曹阳，黄越辉，等.基于时序仿真的风电年度计划制定方法［J］.电力系统自动化.2014, 38(11): 13-19.

［8］ 李驰，刘纯，黄越辉，等.基于波动特性的风电出力时间序列建模方法研究［J］.电网技术，2015，39（1）：208－214.

［9］ LIU Chun，LI Chi，HUANG Yuehui，et al. A novel stochastic modeling method of wind power time series considering the fluctuation process characteristics［J］. Journal of Renewable and Sustainable Energy，2016，8（3）：1－16.

［10］ 舒印彪，张智刚，郭剑波，等.新能源消纳关键因素分析及解决措施研究［J］.中国电机工程学报，2017（1）：4－12.

［11］ 屈姬贤.基于随机生产模拟的新能源并网接纳能力研究［D］.中国电力科学研究院，2016.

［12］ 屈姬贤，刘纯，石文辉，等.基于风电接纳空间电量回归模型的弃风率快速计算方法［J］.电网技术，2017（01）：80－86.

［13］ 董存，李明节，范高锋，等.基于时序生产模拟的新能源年度消纳能力计算方法及其应用［J］.中国电力，2015，48（12）：166－172.

[14] 沈辉，曾祖勤. 太阳能光伏发电技术 [M]. 北京：化学工业出版社，2005.

[15] 代倩，段善旭，蔡涛，等. 基于天气类型聚类识别的光伏系统短期无辐照度发电预测模型研究 [J]. 中国电机工程学报，2011，31（34）：28－35.

[16] 崔杨，穆钢，刘玉，等. 风电功率波动的时空分布特性 [J]. 电网技术，2011，35（2）：110－114.

[17] 周淑贞，张如一，张超. 气象学与气候学 [M]. 北京：高等教育出版社，1997.

[18] 吴云飞，叶齐政，陈田，等. 介质阻挡放电灰度直方图的高斯混合概率模型研究 [J]. 中国电机工程学报，2013，33（1）：179－187.

[19] BRUGGER D，BOGDAN M，ROSENSTIEL W. Automatic cluster detection in Kohonen's SOM [J]. IEEE Transactions on Neural Networks，2008，19（3）：442－459.

[20] KANGAS J A，KOHONEN T K，LAAKSONEN J T. Variants of self-organizing maps [J]. IEEE Transactions on Neural Networks，1990，1（1）：93－99.

[21] 鞠平，马大强. 电力系统负荷建模 [M]. 北京：中国电力出版社，2008.

[22] 曹阳，黄越辉，袁越，等. 基于时序仿真的风光容量配比分层优化算法 [J]. 中国电机工程学报，2015（5）：1072－1078.

[23] CHEN Haoyong, NGAN Honwing, ZHANG Yongjun. Power System Optimization: Large-scale Complex Systems Approaches [M]. Hoboken, NJ, USA:Wiley, 2016.

[24] STREMEL J P，JENKINS R T，BABB R A，et al. Production costing using the cumulant method of moments [J]. IEEE Transactions on Power Apparatus & System，1980，99（5）：1980－1987.

[25] 李占力. 运筹学简明教程 [M]. 西安：西北工业大学出版社，2001.

[26] 康重庆，夏清，相年德，等. 序列运算理论及其应用 [M]. 北京：清华大学出版社，2003.

[27] 肖刚，李天柁. 系统可靠性分析中的蒙特卡罗方法[M]. 北京：科学出版社，2003.

索　引